图案与款式大藏家 2000

洋洋 选编

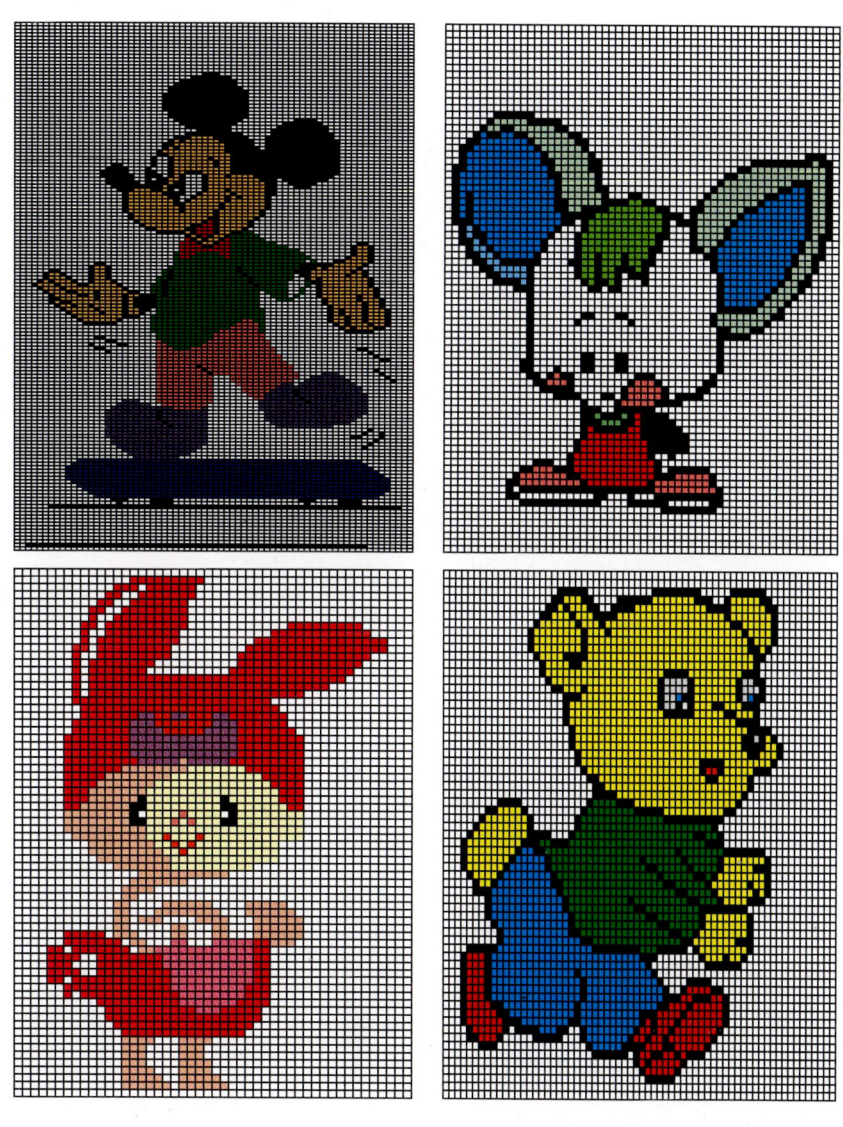

辽宁科学技术出版社
·沈阳·

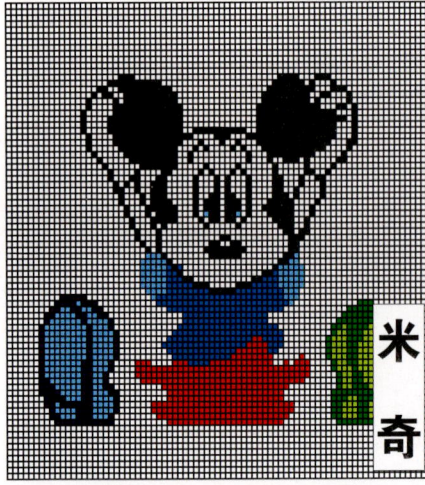

米奇

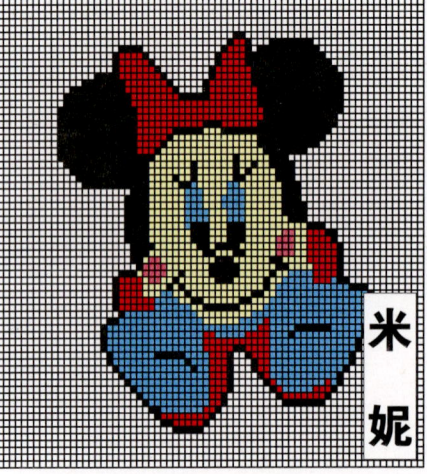

米妮

0001

每格编织1针1行，适合用开司米绒线或全毛绒线，图案位置居中，适合编织儿童毛衣套衫的前片、后片或开衫的后片。

每格编织1针1行，适合用羊毛混纺线或全毛绒线，图案位置居中，适合编织儿童毛衣套衫的前片、后片或开衫的后片。

搭配指数：★★★★
适合群体：小孩子

小米奇

米老鼠

0002

每格编织1针1行，适合用腈纶混纺线或开司米线，图案位置居中，适合编织儿童毛衣套衫的前片、后片或开衫的后片。

每格编织1针1行，适合用粗绒线或细绒线，图案位置居中，适合编织儿童毛衣套衫的前片、后片或开衫的后片。

搭配指数：★★★★★
适合群体：小孩子

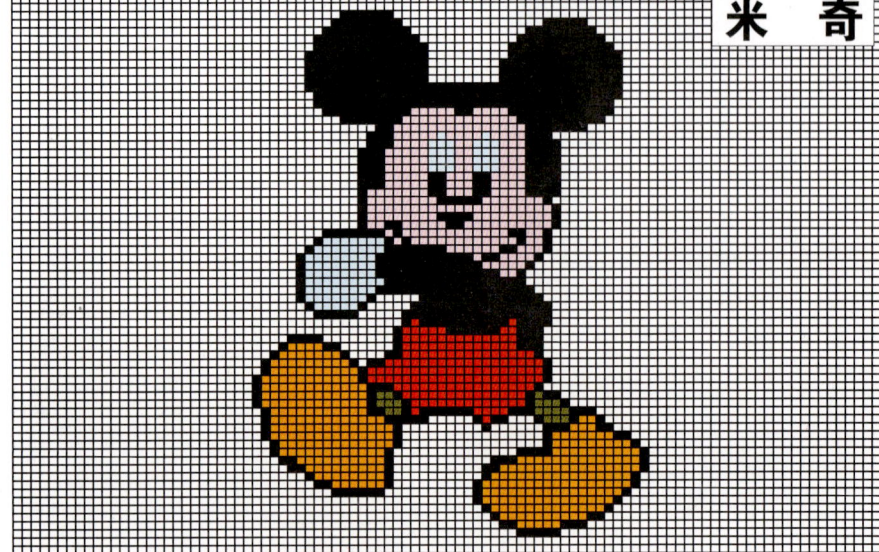

米奇

0003

每格编织2针2行，适合用单股棉线或腈纶混纺线，图案位置居中，适合编织儿童毛衣套衫、背心的前片、后片或开衫的后片。

搭配指数：★★★★
适合群体：小孩子

搭配指数：★★★★★
适合群体：男孩

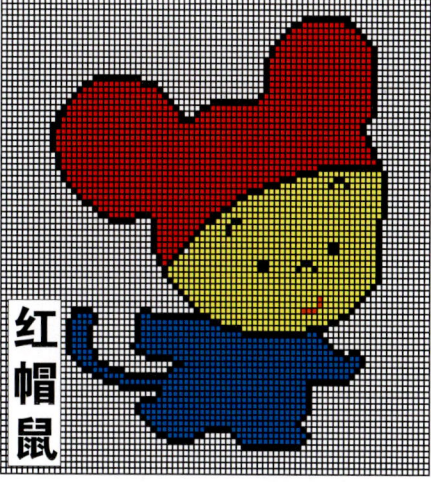

红帽鼠

每格编织1针1行，适合用多股纯棉纱线或两三股开司米线，图案位置居中，适合编织儿童毛衣套衫的前片、后片。

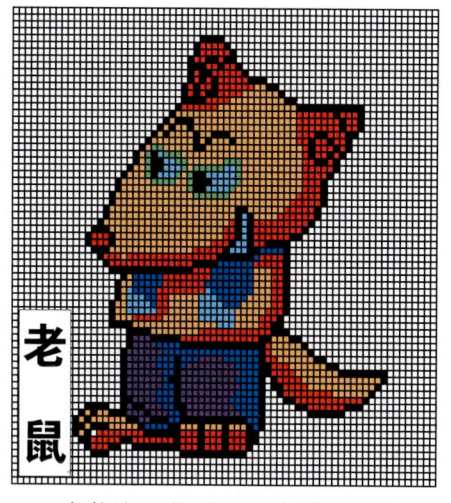

老鼠

每格编织1针1行，适合用全毛细绒线或两股极细羊毛线，图案位置居中，适合编织儿童毛衣套衫的前片、后片。

搭配指数：★★★★
适合群体：男孩

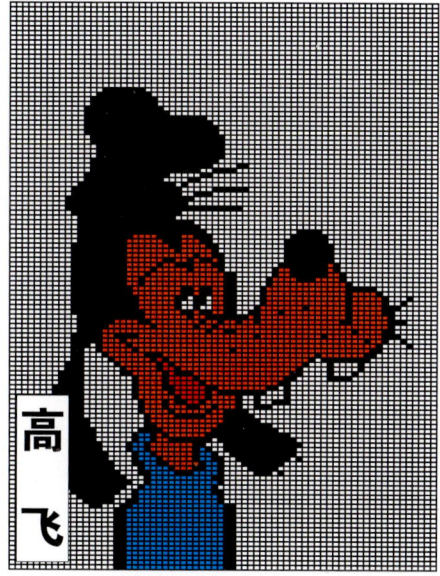

高飞

每格编织1针1行，适合用双股棉线或腈纶混纺线，图案位置居中，适合编织儿童毛衣套衫的前片、后片或开衫的后片。

米老鼠

每格编织1针1行，适合用开司米绒线或腈纶混纺线，图案位置居中，适合编织儿童毛衣套衫的前片、后片或开衫的后片。

搭配指数：★★★
适合群体：男孩

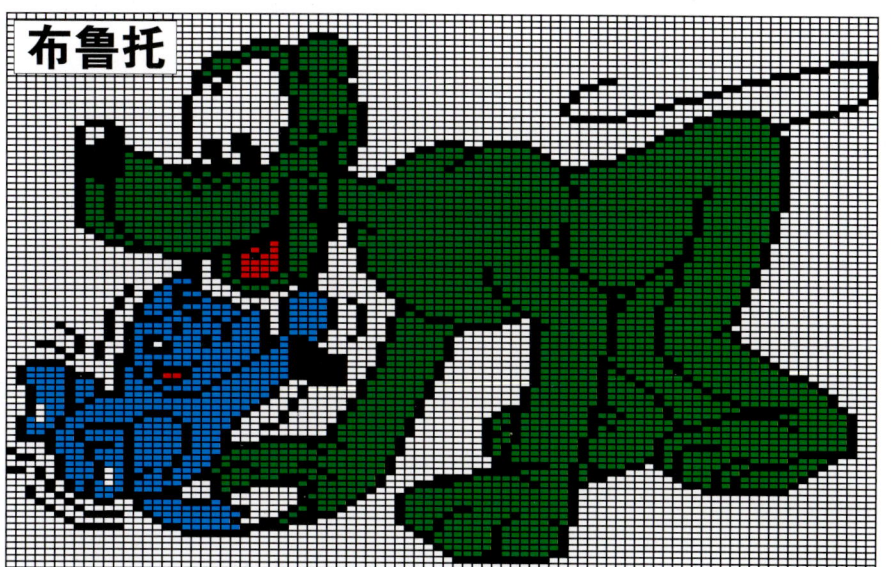

布鲁托

每格编织2针2行，适合用全毛细绒线或多股纯棉纱线，图案位置居中，适合编织儿童毛衣套衫、背心的前片、后片或开衫的后片。

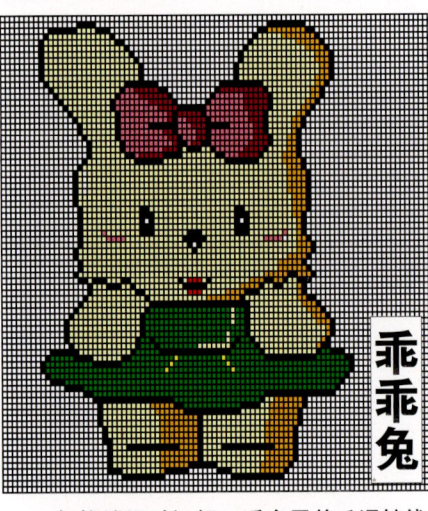

每格编织1针1行，适合用羊毛混纺线或全毛绒线，图案位置居中，适合编织儿童毛衣套衫的前片、后片或开衫的后片。

每格编织1针1行，适合用腈纶混纺线或全毛绒线，图案位置居中，适合编织儿童毛衣套衫的前片、后片或开衫的后片。

搭配指数：★★★★★
适合群体：男孩与女孩

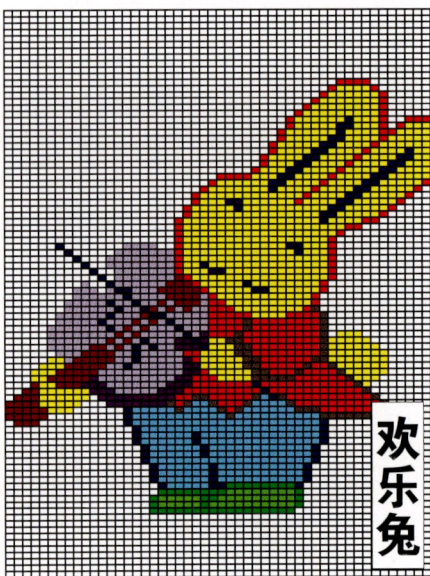

每格编织1针1行，适合用腈纶混纺线或开司米线，图案位置居中，适合编织儿童毛衣套衫的前片、后片或开衫的后片。

每格编织1针1行，适合用粗绒线或细绒线，图案位置居中，适合编织儿童毛衣套衫的前片、后片或开衫的后片。

搭配指数：★★★★★
适合群体：男孩与女孩

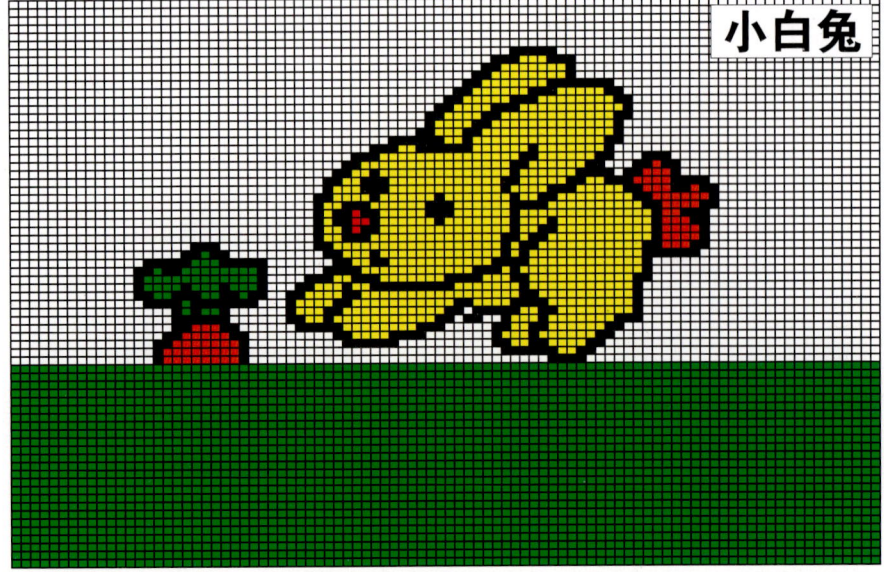

每格编织2针2行，适合用单股棉线或腈纶混纺线，图案位置居中，适合编织儿童毛衣套衫、背心的前片、后片或开衫的后片。

搭配指数：★★★★★
适合群体：女孩

搭配指数：★★★
适合群体：女孩

搭配指数：★★★
适合群体：男孩

搭配指数：★★★
适合群体：女孩

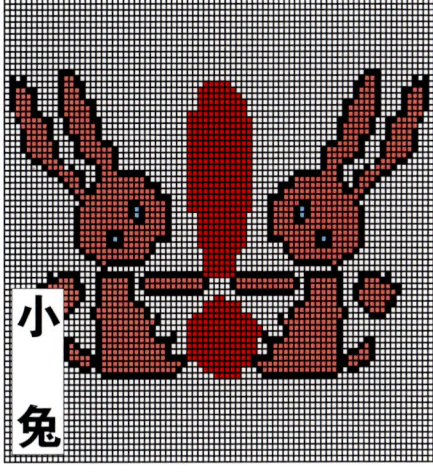

小兔

每格编织1针1行，适合用全毛细绒线或两股极细羊毛线，图案位置居中，适合编织儿童毛衣套衫的前片、后片。

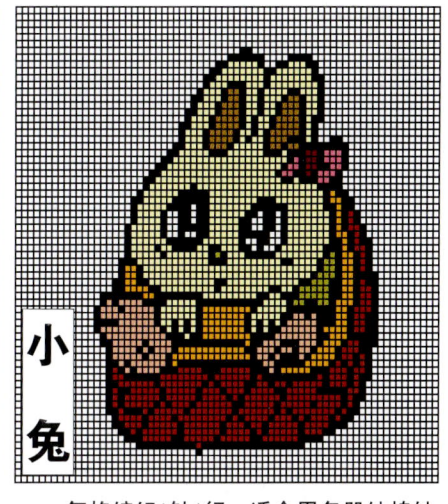

小兔

每格编织1针1行，适合用多股纯棉纱线或两、三股开司米线，图案位置居中，适合编织儿童毛衣套衫的前片、后片。

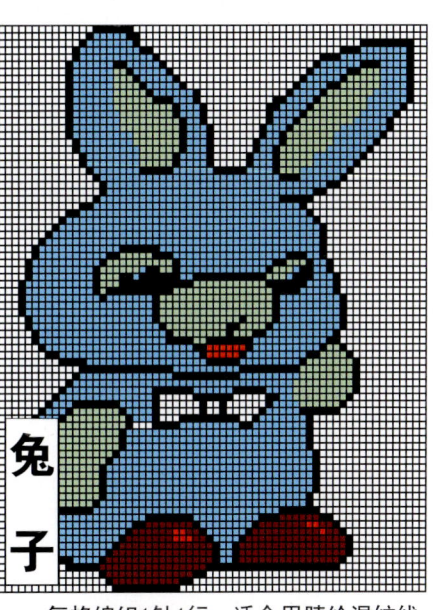

兔子

每格编织1针1行，适合用腈纶混纺线或全毛绒线，图案位置居中，适合编织儿童毛衣套衫的前片、后片或开衫的后片。

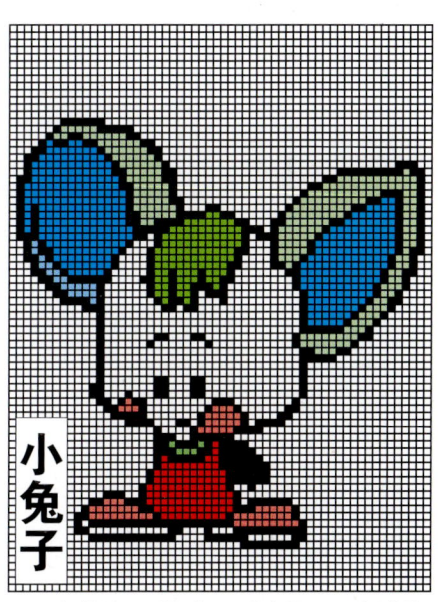

小兔子

每格编织1针1行，适合用开司米绒线或腈纶混纺线，图案位置居中，适合编织儿童毛衣套衫的前片、后片或开衫的后片。

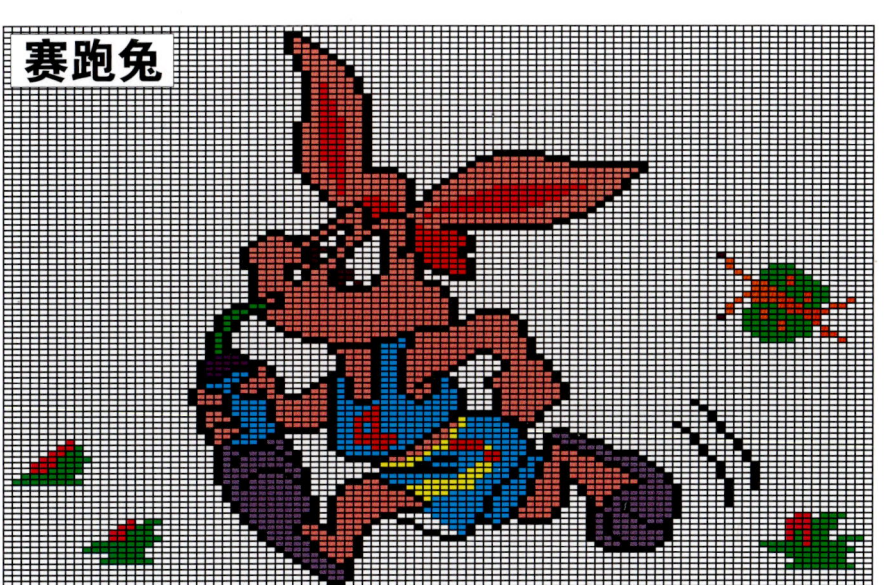

赛跑兔

每格编织2针2行，适合用全毛细绒线或多股纯棉纱线，图案位置居中，适合编织儿童毛衣套衫、背心的前片、后片或开衫的后片。

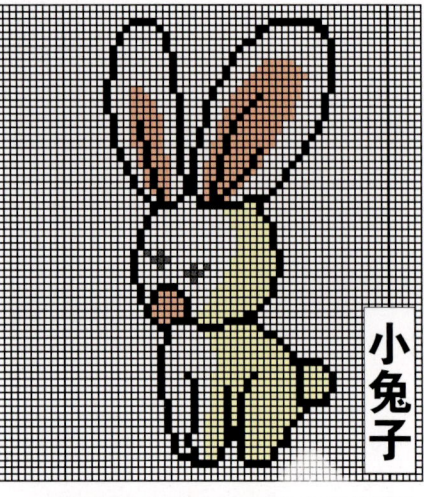
小兔子

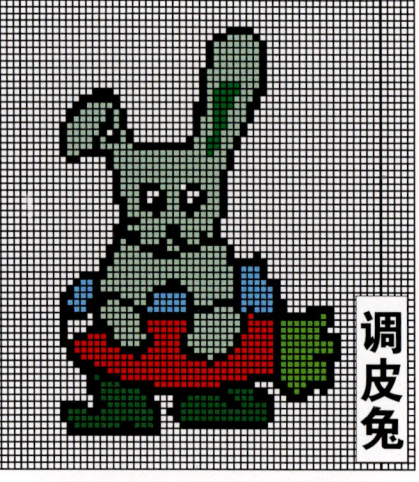
调皮兔

(0013)

每格编织1针1行，适合用开司米绒线或腈纶混纺线，图案位置居中，适合编织儿童毛衣套衫的前片、后片或开衫的后片。

每格编织1针1行，适合用双股棉线或腈纶混纺线，图案位置居中，适合编织儿童毛衣套衫的前片、后片或开衫的后片。

搭配指数：★★★★★
适合群体：女孩

小兔子

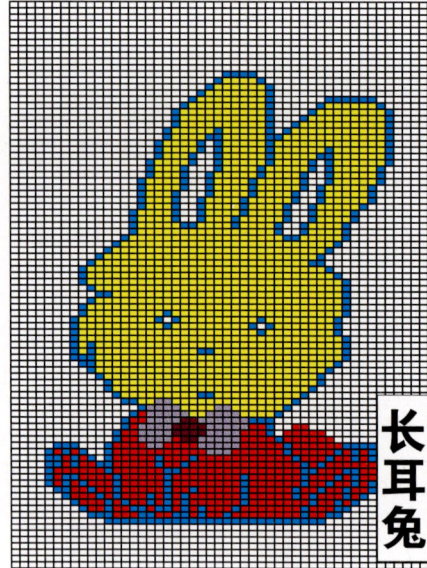
长耳兔

(0014)

每格编织1针1行，适合用双股棉线或腈纶混纺线，图案位置居中，适合编织儿童毛衣套衫的前片、后片或开衫的后片。

每格编织1针1行，适合用粗绒线或细绒线，图案位置居中，适合编织儿童毛衣套衫的前片、后片或开衫的后片。

搭配指数：★★★★★
适合群体：女孩

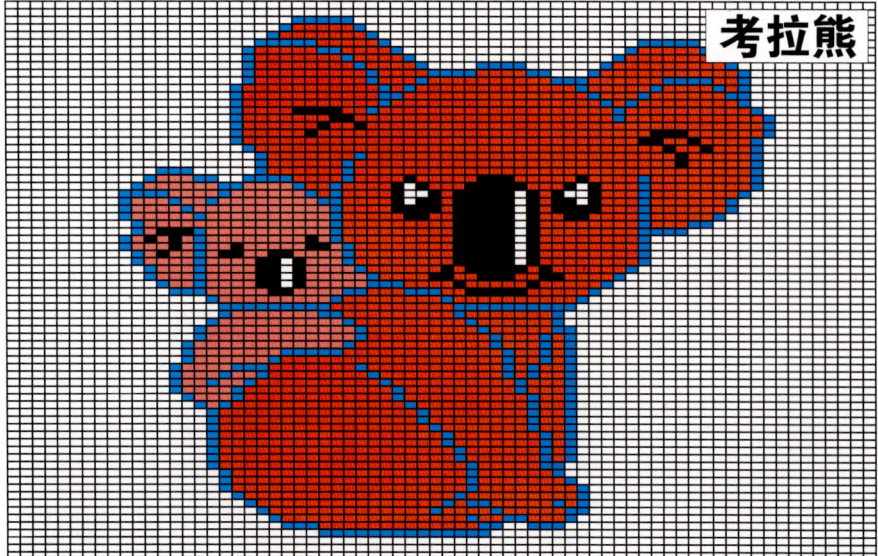
考拉熊

(0015)

每格编织2针2行，适合用全毛细绒线或多股纯棉纱线，图案位置居中，适合编织儿童毛衣套衫、背心的前片、后片或开衫的后片。

搭配指数：★★★★
适合群体：男孩

搭配指数：★★★
适合群体：男孩

搭配指数：★★★★
适合群体：男孩

搭配指数：★★★★
适合群体：男孩

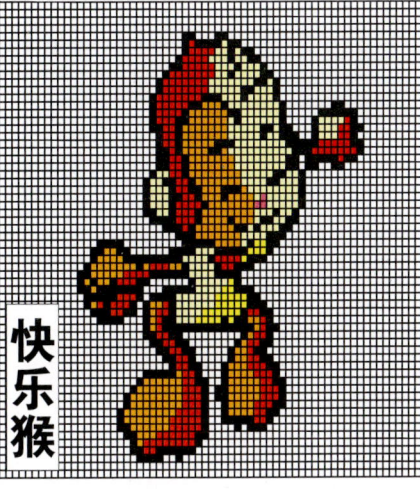

快乐猴

每格编织1针1行，适合用羊毛混纺线或全毛绒线，图案位置居中，适合编织儿童毛衣套衫的前片、后片或开衫的后片。

小猴

每格编织1针1行，适合用开司米绒线或全毛绒线，图案位置居中，适合编织儿童毛衣套衫的前片、后片或开衫的后片。

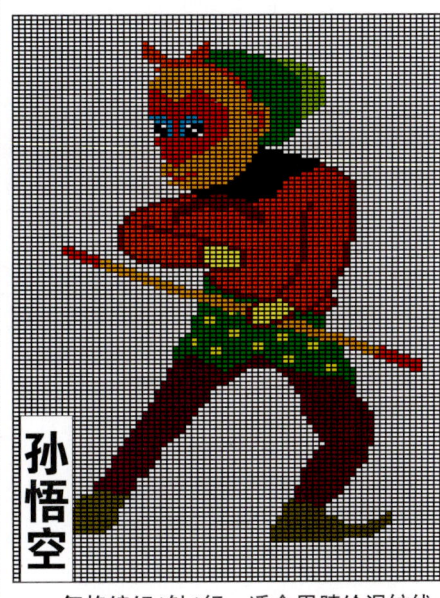

孙悟空

每格编织1针1行，适合用腈纶混纺线或全毛绒线，图案位置居中，适合编织儿童毛衣套衫的前片、后片或开衫的后片。

孙大圣

每格编织1针1行，适合用开司米绒线或腈纶混纺线，图案位置居中，适合编织儿童毛衣套衫的前片、后片或开衫的后片。

聪明猴

每格编织2针2行，适合用羊毛混纺线或腈纶混纺线，图案位置居中，适合编织儿童毛衣套衫、背心的前片、后片或开衫的后片。

大象

每格编织1针1行,适合用多股纯棉纱线或两三股开司米线,图案位置居中,适合编织儿童毛衣套衫的前片、后片。

小象

每格编织1针1行,适合用全毛细绒线或两股极细羊毛线,图案位置居中,适合编织儿童毛衣套衫的前片、后片。

0019

搭配指数:★★★★
适合群体:男孩

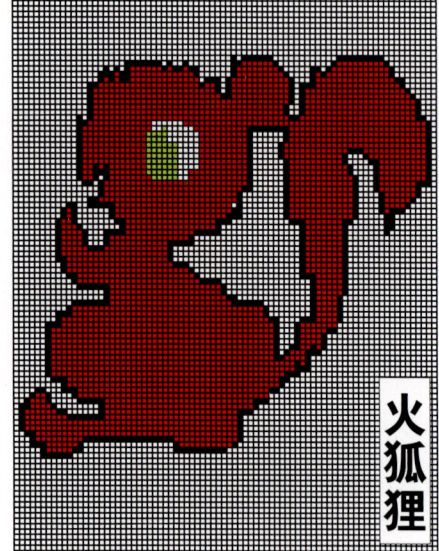

火狐狸

每格编织1针1行,适合用双股棉线或腈纶混纺线,图案位置居中,适合编织儿童毛衣套衫的前片、后片或开衫的后片。

小马

每格编织1针1行,适合用粗绒线或细绒线,图案位置居中,适合编织儿童毛衣套衫的前片、后片或开衫的后片。

0020

搭配指数:★★★★★
适合群体:男孩与女孩

狐狸

每格编织2针2行,适合用全毛细绒线或多股纯棉纱线,图案位置居中,适合编织儿童毛衣套衫、背心的前片、后片或开衫的后片。

0021

搭配指数:★★★★
适合群体:男孩

搭配指数：★★★★
适合群体：男孩

小猪

每格编织1针1行，适合用开司米绒线或全毛绒线，图案位置居中，适合编织儿童毛衣套衫的前片、后片或开衫的后片。

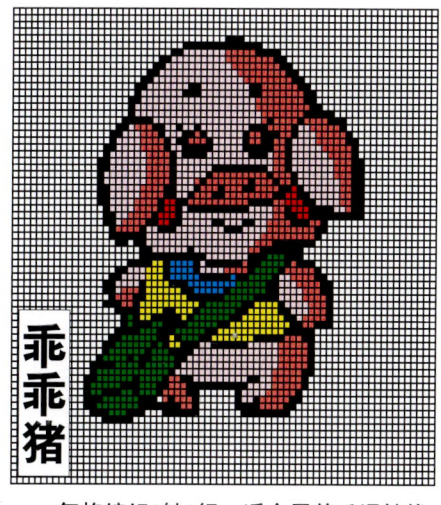

乖乖猪

每格编织1针1行，适合用羊毛混纺线或全毛绒线，图案位置居中，适合编织儿童毛衣套衫的前片、后片或开衫的后片。

搭配指数：★★★★★
适合群体：男孩

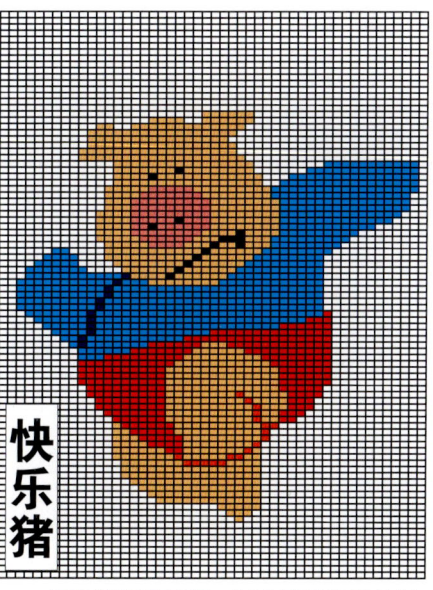

快乐猪

每格编织1针1行，适合用腈纶混纺线或全毛绒线，图案位置居中，适合编织儿童毛衣套衫的前片、后片或开衫的后片。

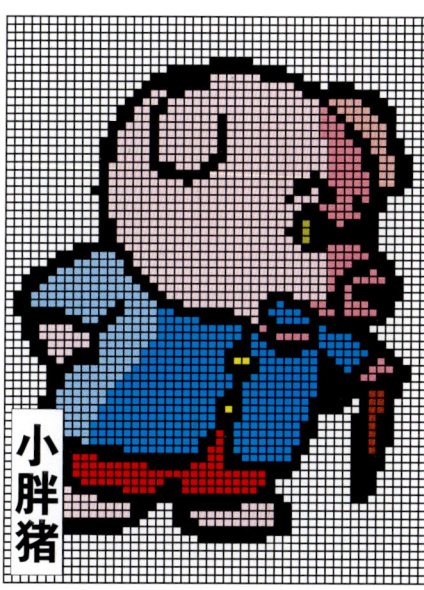

小胖猪

每格编织1针1行，适合用开司米绒线或腈纶混纺线，图案位置居中，适合编织儿童毛衣套衫的前片、后片或开衫的后片。

搭配指数：★★★
适合群体：男孩

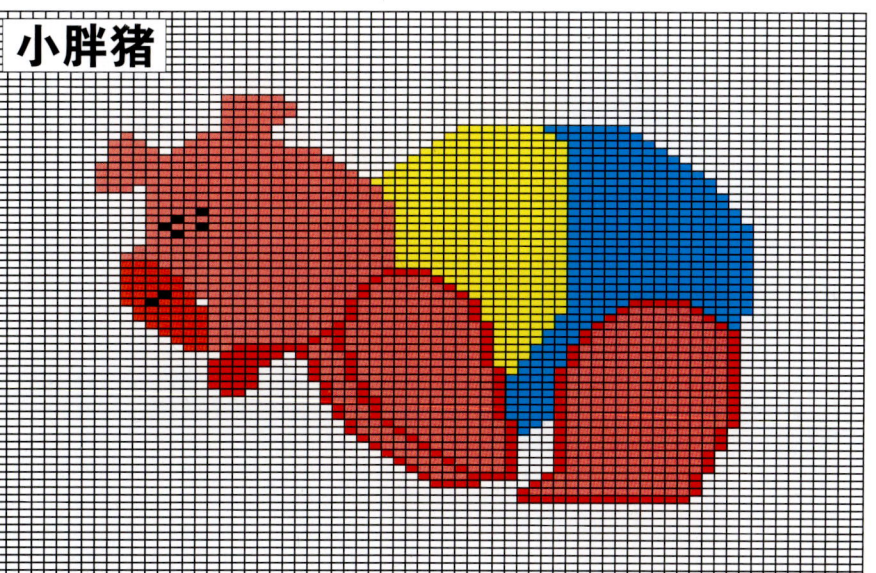

小胖猪

每格编织2针2行，适合用羊毛混纺线或腈纶混纺线，图案位置居中，适合编织儿童毛衣套衫、背心的前片、后片或开衫的后片。

熊猫脸

眼睛熊

每格编织1针1行，适合用开司米绒线或全毛绒线，图案位置居中，适合编织儿童毛衣套衫的前片、后片或开衫的后片。

每格编织1针1行，适合用全毛极细绒线或两股极细羊毛线，图案位置居中，适合编织儿童毛衣套衫的前片、后片。

搭配指数：★★★★★
适合群体：男孩

熊熊

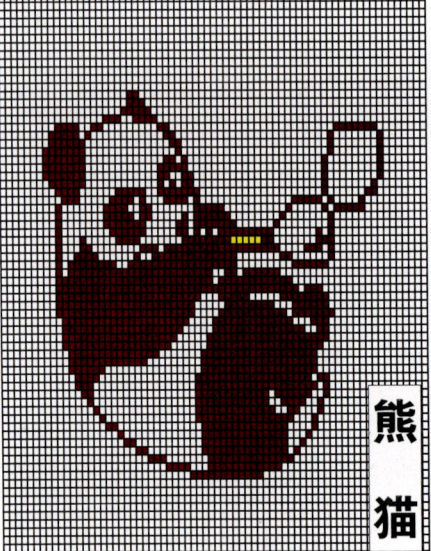
熊猫

每格编织1针1行，适合用多股纯棉纱线或两三股开司米线，图案位置居中，适合编织儿童毛衣套衫的前片、后片。

每格编织1针1行，适合用羊毛混纺线或全毛绒线，图案位置居中，适合编织儿童毛衣套衫的前片、后片或开衫的后片。

搭配指数：★★★
适合群体：男孩

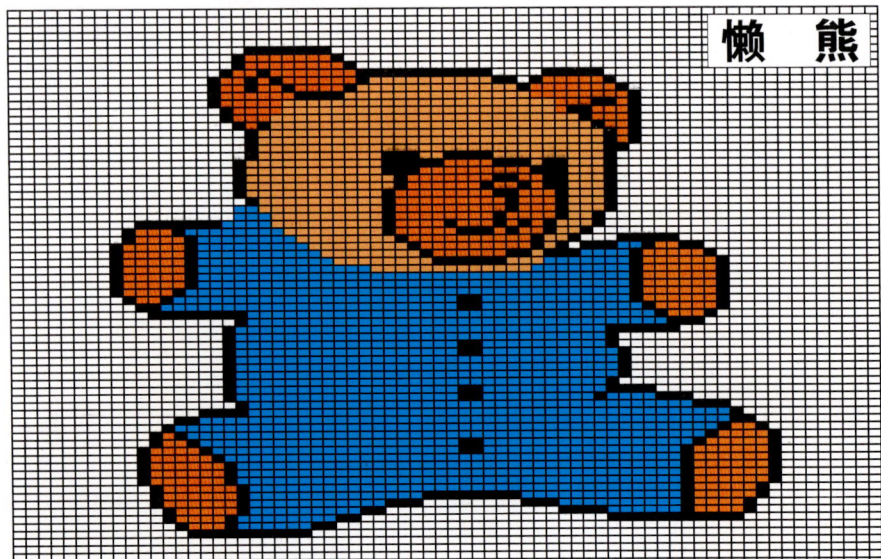
懒熊

每格编织2针2行，适合用单股棉线或腈纶混纺线，图案位置居中，适合编织儿童毛衣套衫、背心的前片、后片或开衫的后片。

搭配指数：★★★★
适合群体：男孩

搭配指数：★★★★
适合群体：女孩

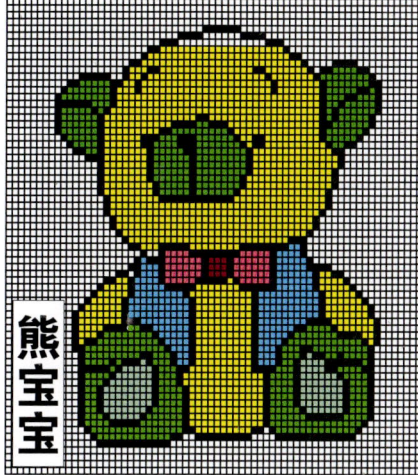

熊宝宝

每格编织1针1行，适合用多股纯棉纱线或两、三股开司米线，图案位置居中，适合编织儿童毛衣套衫的前片、后片。

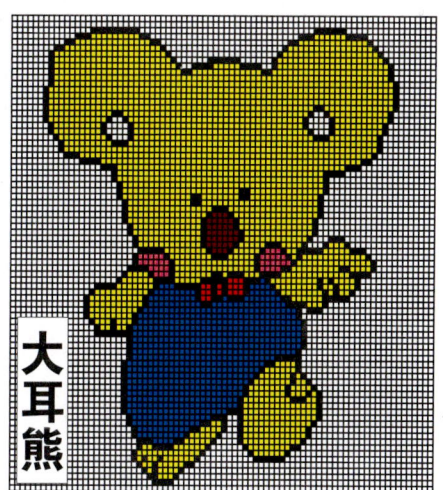

大耳熊

每格编织1针1行，适合用全毛细绒线或两股极细羊毛线，图案位置居中，适合编织儿童毛衣套衫的前片、后片。

搭配指数：★★★★
适合群体：男孩

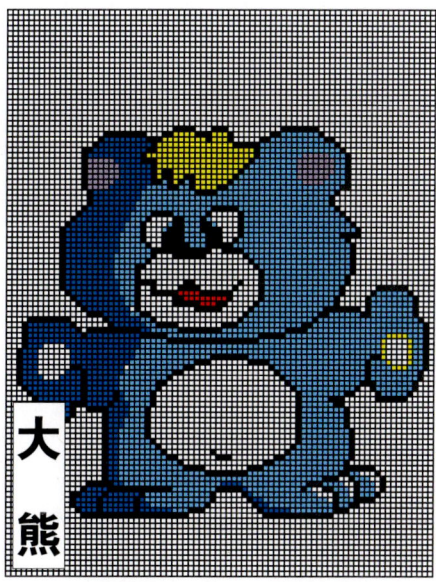

大熊

每格编织1针1行，适合用双股棉线或腈纶混纺线，图案位置居中，适合编织儿童毛衣套衫的前片、后片或开衫的后片。

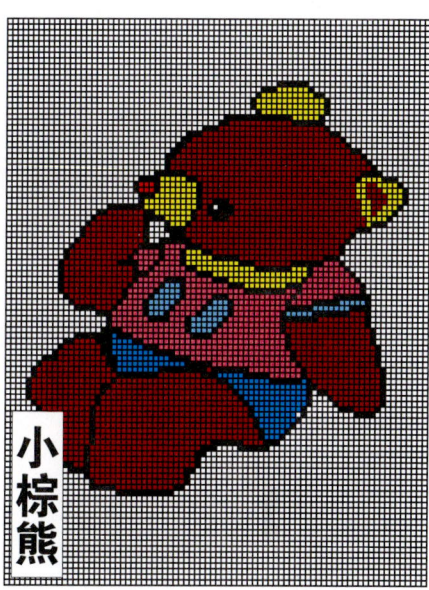

小棕熊

每格编织1针1行，适合用粗绒线或细绒线，图案位置居中，适合编织儿童毛衣套衫的前片、后片或开衫的后片。

搭配指数：★★★★
适合群体：女孩

乖乖熊

每格编织2针2行，适合用全毛细绒线或多股纯棉纱线，图案位置居中，适合编织儿童毛衣套衫、背心的前片、后片或开衫的后片。

大力士

每格编织2针2行,适合用单股棉线或腈纶混纺线,图案位置居中,适合编织儿童毛衣套衫、背心的前片、后片或开衫的后片。

小熊熊

每格编织1针1行,适合用开司米绒线或全毛绒线,图案位置居中,适合编织儿童毛衣套衫的前片、后片或开衫的后片。

0031

搭配指数：★★★★
适合群体：男孩

小鸭

每格编织1针1行,适合用腈纶混纺线或开司米线,图案位置居中,适合编织儿童毛衣套衫的前片、后片或开衫的后片。

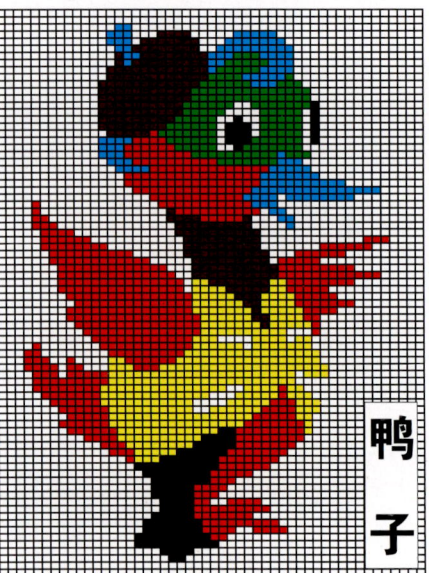

鸭子

每格编织1针1行,适合用开司米绒线或腈纶混纺线,图案位置居中,适合编织儿童毛衣套衫的前片、后片或开衫的后片。

0032

搭配指数：★★★★★
适合群体：男孩与女孩

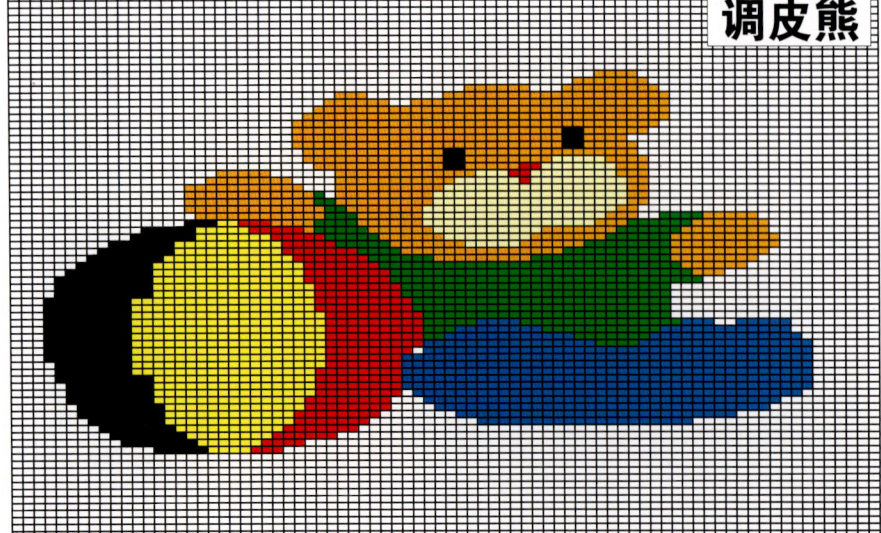

调皮熊

每格编织1针1行,适合用羊毛混纺线或全毛绒线,图案位置居中,适合编织儿童毛衣套衫的前片、后片或开衫的后片。

0033

搭配指数：★★★★
适合群体：男孩

搭配指数：★★★★★
适合群体：男孩

搭配指数：★★★★
适合群体：女孩

搭配指数：★★★★★
适合群体：男孩与女孩

搞笑鼠

每格编织1针1行，适合用开司米绒线或全毛绒线，图案位置居中，适合编织儿童毛衣套衫的前片、后片或开衫的后片。

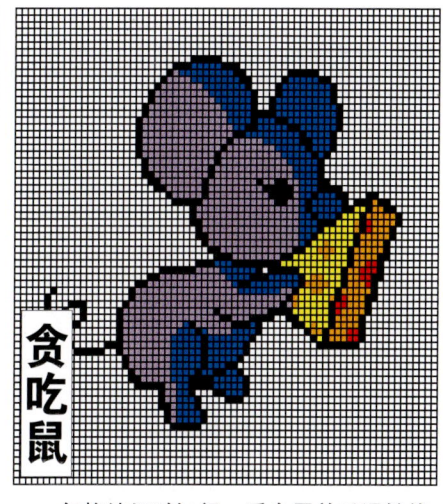

贪吃鼠

每格编织1针1行，适合用羊毛混纺线或全毛绒线，图案位置居中，适合编织儿童毛衣套衫的前片、后片或开衫的后片。

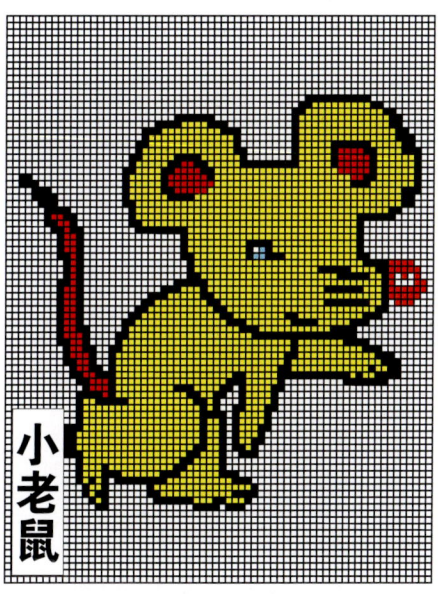

小老鼠

每格编织1针1行，适合用腈纶混纺线或开司米线，图案位置居中，适合编织儿童毛衣套衫的前片、后片或开衫的后片。

小白鼠

每格编织1针1行，适合用开司米绒线或腈纶混纺线，图案位置居中，适合编织儿童毛衣套衫的前片、后片或开衫的后片。

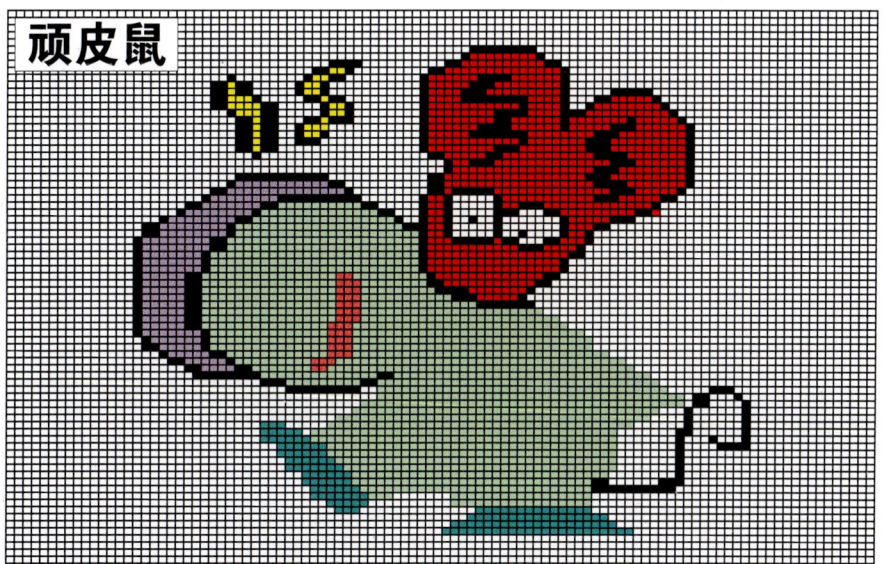

顽皮鼠

每格编织2针2行，适合用单股棉线或腈纶混纺线，图案位置居中，适合编织儿童毛衣套衫、背心的前片、后片或开衫的后片。

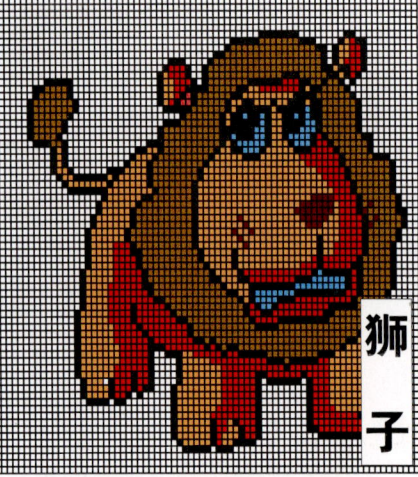
狮子

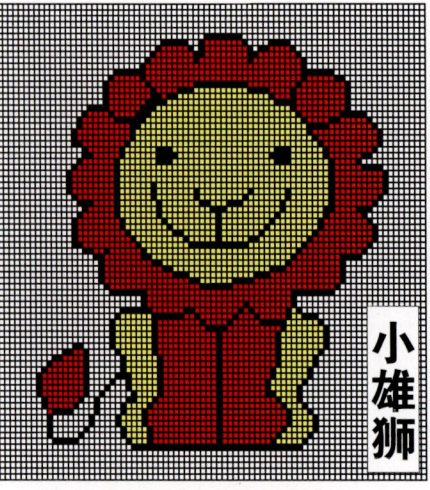
小雄狮

每格编织1针1行,适合用多股纯棉纱线或两三股开司米线,图案位置居中,适合编织儿童毛衣套衫的前片、后片。

每格编织1针1行,适合用全毛细绒线或两股极细羊毛线,图案位置居中,适合编织儿童毛衣套衫的前片、后片。

小狮子

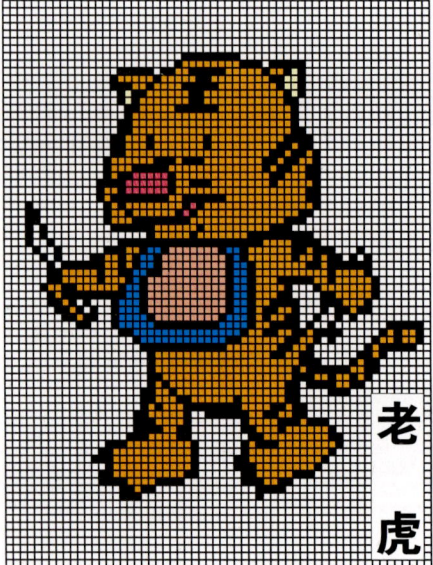
老虎

每格编织1针1行,适合用双股棉线或腈纶混纺线,图案位置居中,适合编织儿童毛衣套衫的前片、后片或开衫的后片。

每格编织1针1行,适合用粗绒线或细绒线,图案位置居中,适合编织儿童毛衣套衫的前片、后片或开衫的后片。

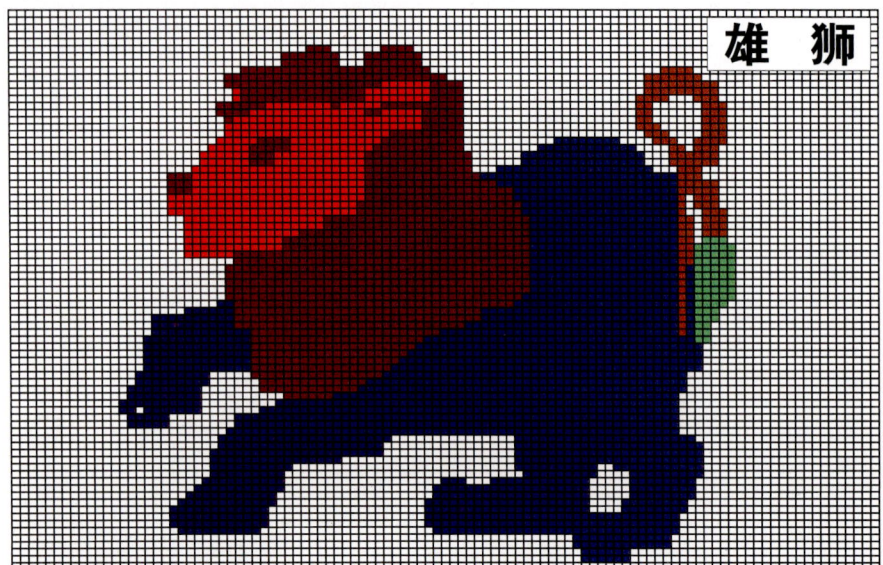
雄狮

每格编织2针2行,适合用全毛细绒线或多股纯棉纱线,图案位置居中,适合编织儿童毛衣套衫、背心的前片、后片或开衫的后片。

0037
搭配指数:★★★
适合群体:男孩

0038
搭配指数:★★★★★
适合群体:男孩

0039
搭配指数:★★★★
适合群体:男孩

(0040)
搭配指数：★★★★★
适合群体：男孩

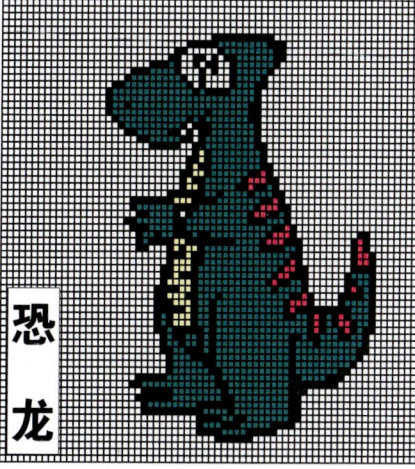

恐龙

每格编织1针1行，适合用开司米绒线或全毛绒线，图案位置居中，适合编织儿童毛衣套衫的前片、后片或开衫的后片。

恐龙

每格编织1针1行，适合用羊毛混纺线或全毛绒线，图案位置居中，适合编织儿童毛衣套衫的前片、后片或开衫的后片。

(0041)
搭配指数：★★★★★
适合群体：女孩

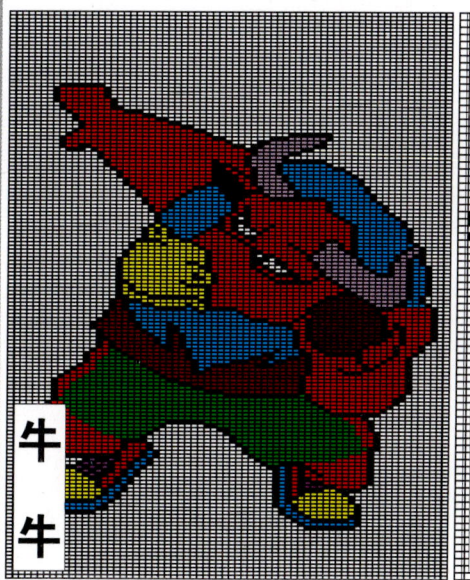

牛牛

每格编织1针1行，适合用腈纶混纺线或开司米线，图案位置居中，适合编织儿童毛衣套衫的前片、后片或开衫的后片。

熊熊

每格编织1针1行，适合用开司米绒线或腈纶混纺线，图案位置居中，适合编织儿童毛衣套衫的前片、后片或开衫的后片。

(0042)
搭配指数：★★★★
适合群体：男孩

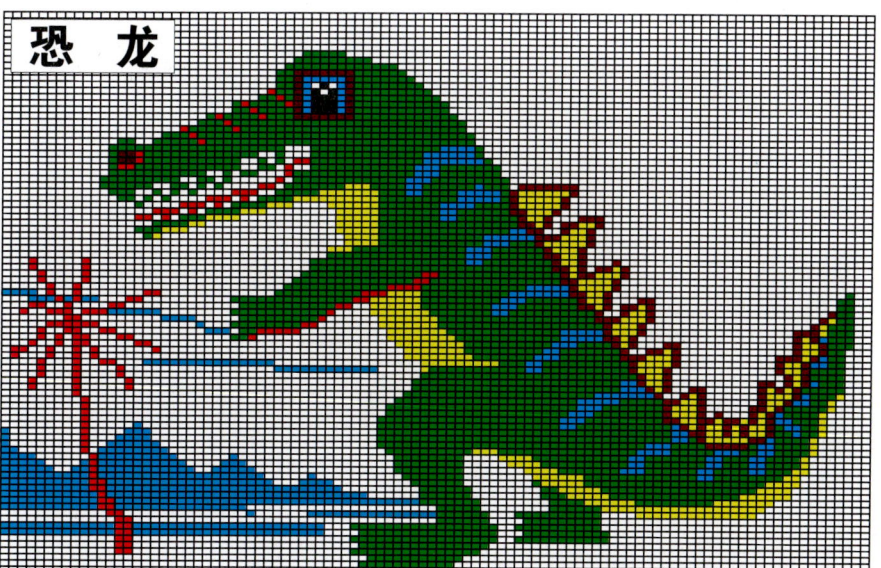

恐龙

每格编织2针2行，适合用单股棉线或腈纶混纺线，图案位置居中，适合编织儿童毛衣套衫、背心的前片、后片或开衫的后片。

大耳狗

每格编织1针1行，适合用羊毛混纺线或全毛绒线，图案位置居中，适合编织儿童毛衣套衫的前片、后片或开衫的后片。

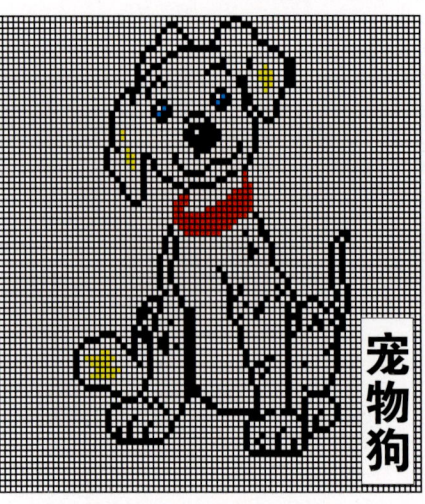

宠物狗

每格编织1针1行，适合用全毛细绒线或两股极细羊毛线，图案位置居中，适合编织儿童毛衣套衫的前片、后片。

0043

搭配指数：★★★★★
适合群体：女孩

狗狗

每格编织1针1行，适合用粗绒线或细绒线，图案位置居中，适合编织儿童毛衣套衫的前片、后片或开衫的后片。

小狗

每格编织1针1行，适合用开司米绒线或腈纶混纺线，图案位置居中，适合编织儿童毛衣套衫的前片、后片或开衫的后片。

0044

搭配指数：★★★★★
适合群体：男孩与女孩

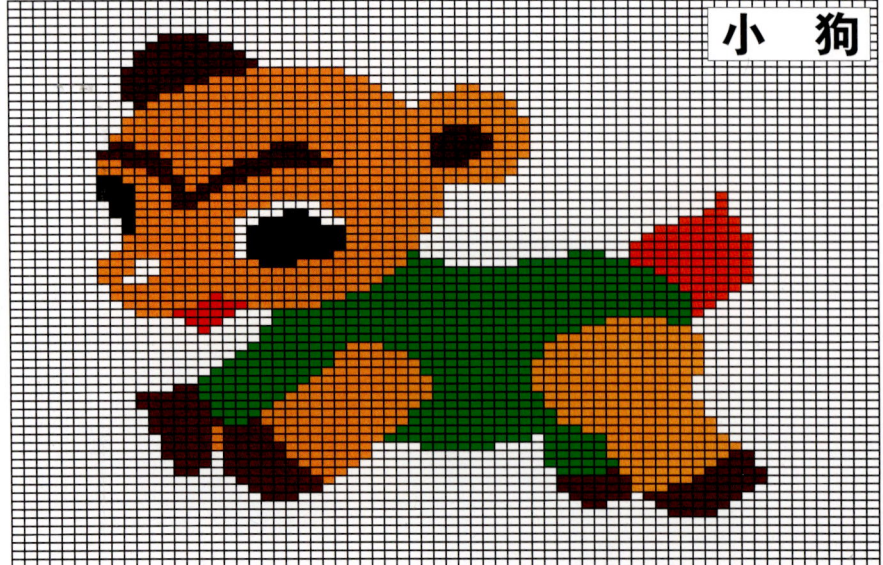

小 狗

每格编织2针2行，适合用单股棉线或腈纶混纺线，图案位置居中，适合编织儿童毛衣套衫、背心的前片、后片或开衫的后片。

0045

搭配指数：★★★
适合群体：女孩

搭配指数：★★★★
适合群体：男孩

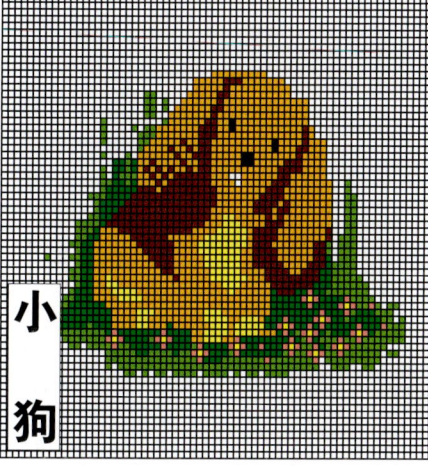

小狗

每格编织1针1行，适合用腈纶混纺线或全毛绒线，图案位置居中，适合编织儿童毛衣套衫的前片、后片或开衫的后片。

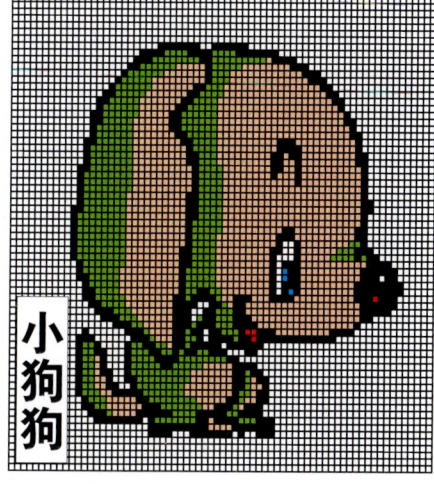

小狗狗

每格编织1针1行，适合用多股纯棉纱线或两三股开司米线，图案位置居中，适合编织儿童毛衣套衫的前片、后片。

搭配指数：★★★★★
适合群体：男孩

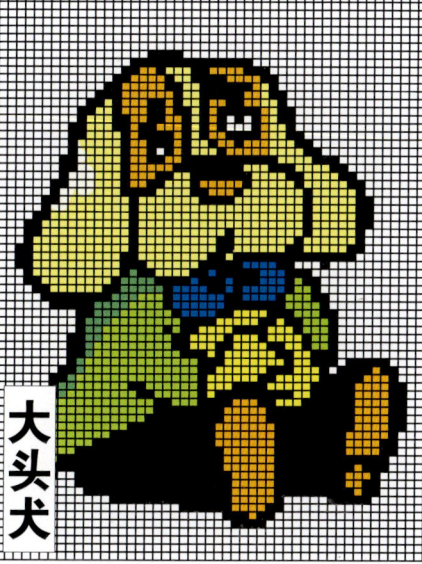

大头犬

每格编织1针1行，适合用双股棉线或腈纶混纺线，图案位置居中，适合编织儿童毛衣套衫的前片、后片或开衫的后片。

乖乖狗

每格编织1针1行，适合用腈纶混纺线或开司米线，图案位置居中，适合编织儿童毛衣套衫的前片、后片或开衫的后片。

搭配指数：★★★★★
适合群体：女孩

小　狗

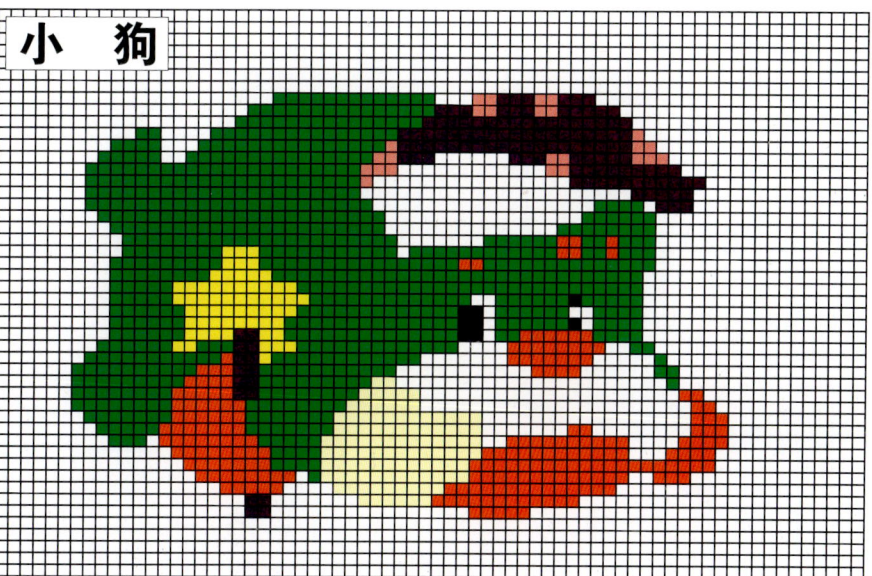

每格编织2针2行，适合用全毛细绒线或多股纯棉纱线，图案位置居中，适合编织儿童毛衣套衫、背心的前片、后片或开衫的后片。

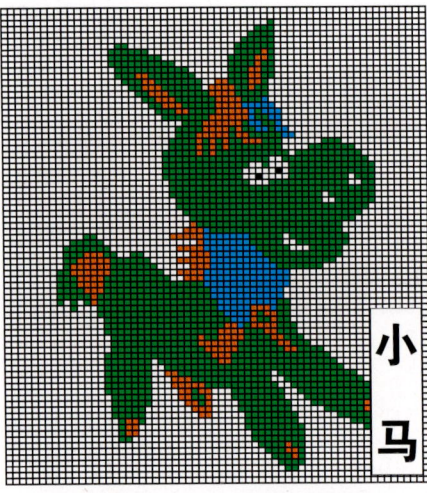

小马　　　　　　　　　　　小马

每格编织1针1行，适合用开司米绒线或全毛绒线，图案位置居中，适合编织儿童毛衣套衫的前片、后片或开衫的后片。

每格编织1针1行，适合用羊毛混纺线或全毛绒线，图案位置居中，适合编织儿童毛衣套衫的前片、后片或开衫的后片。

搭配指数：★★★★★
适合群体：男孩

小马驹　　　　　　　　　　小马驹

每格编织1针1行，适合用腈纶混纺线或开司米线，图案位置居中，适合编织儿童毛衣套衫的前片、后片或开衫的后片。

每格编织1针1行，适合用腈纶混纺线或全毛绒线，图案位置居中，适合编织儿童毛衣套衫的前片、后片或开衫的后片。

搭配指数：★★★★
适合群体：男孩

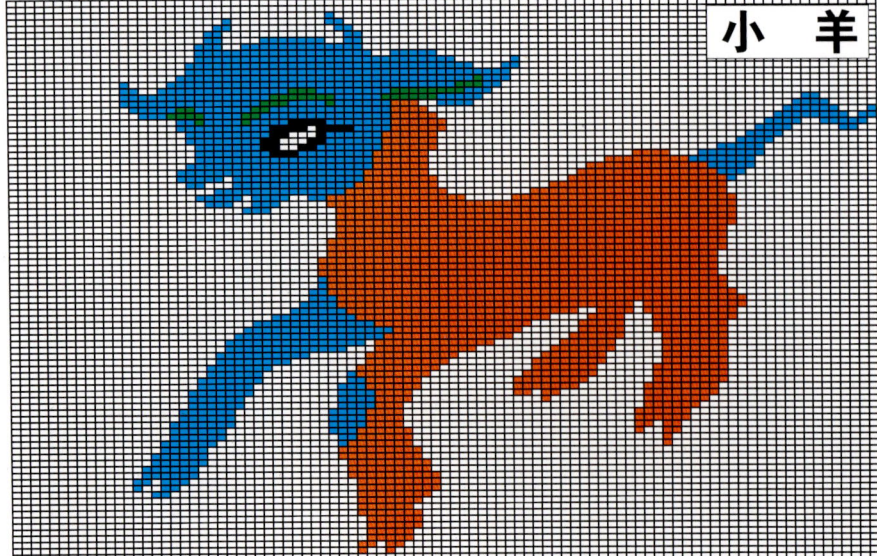

小羊

每格编织2针2行，适合用单股棉线或腈纶混纺线，图案位置居中，适合编织儿童毛衣套衫、背心的前片、后片或开衫的后片。

搭配指数：★★★★★
适合群体：男孩

搭配指数：★★★★
适合群体：男孩

搭配指数：★★★★★
适合群体：男孩

搭配指数：★★★
适合群体：男孩

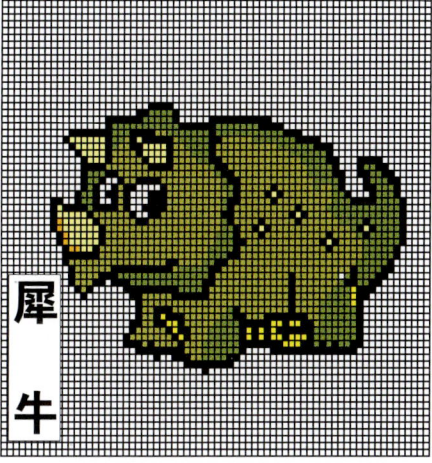

犀牛

每格编织1针1行，适合用多股纯棉纱线或两三股开司米线，图案位置居中，适合编织儿童毛衣套衫的前片、后片。

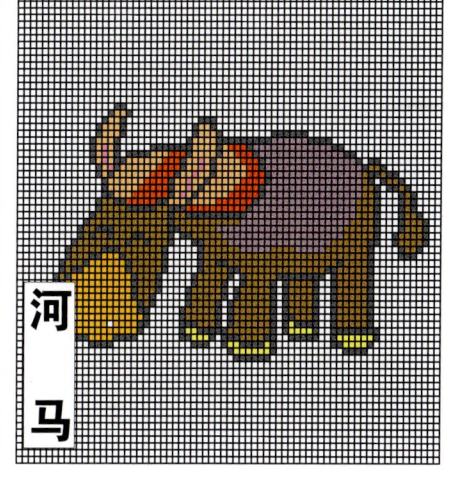

河马

每格编织1针1行，适合用全毛细绒线或两股极细羊毛线，图案位置居中，适合编织儿童毛衣套衫的前片、后片。

骆驼

每格编织1针1行，适合用双股棉线或腈纶混纺线，图案位置居中，适合编织儿童毛衣套衫的前片、后片或开衫的后片。

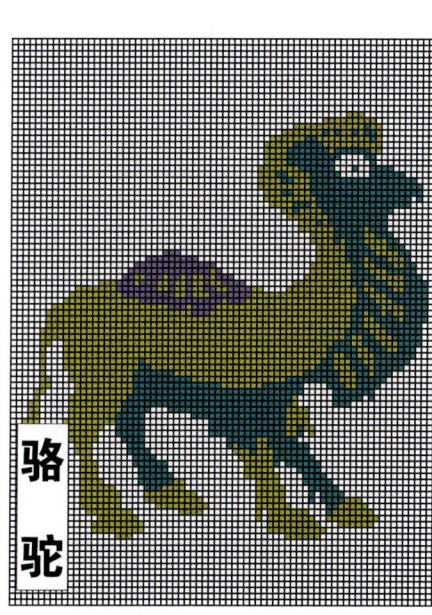

骆驼

每格编织1针1行，适合用粗绒线或细绒线，图案位置居中，适合编织儿童毛衣套衫的前片、后片或开衫的后片。

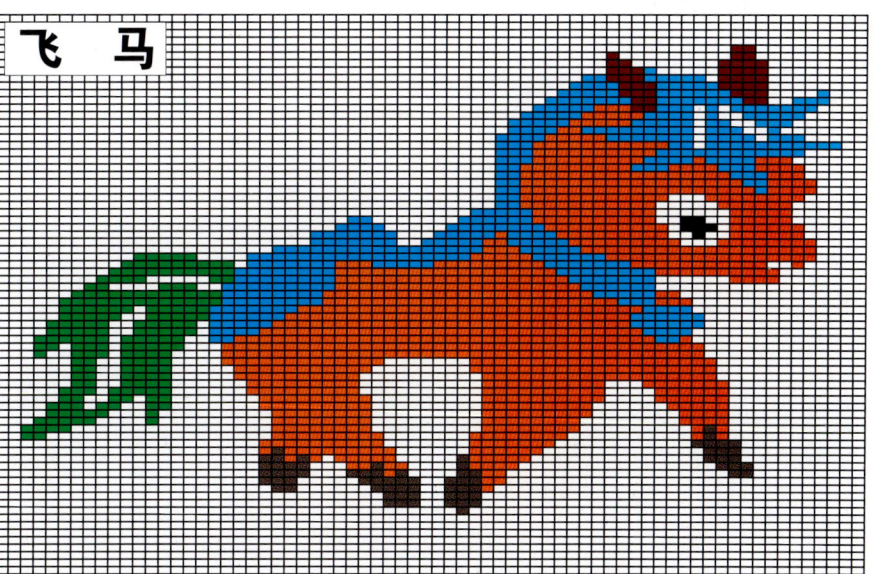

飞马

每格编织2针2行，适合用全毛细绒线或多股纯棉纱线，图案位置居中，适合编织儿童毛衣套衫、背心的前片、后片或开衫的后片。

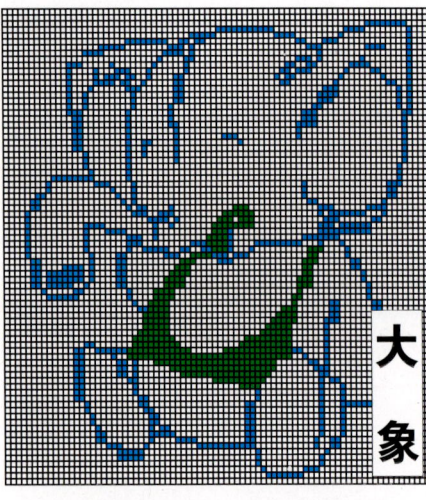
大象

狗狗

每格编织1针1行,适合用多股纯棉纱线或两三股开司米线,图案位置居中,适合编织儿童毛衣套衫的前片、后片。

每格编织1针1行,适合用全毛细绒线或两股极细羊毛线,图案位置居中,适合编织儿童毛衣套衫的前片、后片。

搭配指数:★★★★
适合群体:女孩

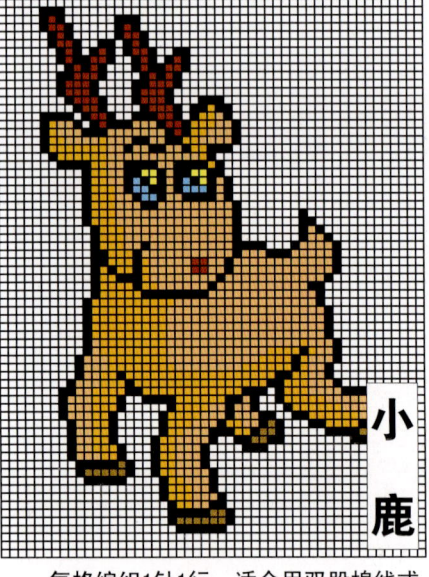
小鹿

小鹿

每格编织1针1行,适合用双股棉线或腈纶混纺线,图案位置居中,适合编织儿童毛衣套衫的前片、后片或开衫的后片。

每格编织1针1行,适合用粗绒线或细绒线,图案位置居中,适合编织儿童毛衣套衫的前片、后片或开衫的后片。

搭配指数:★★★★★
适合群体:女孩

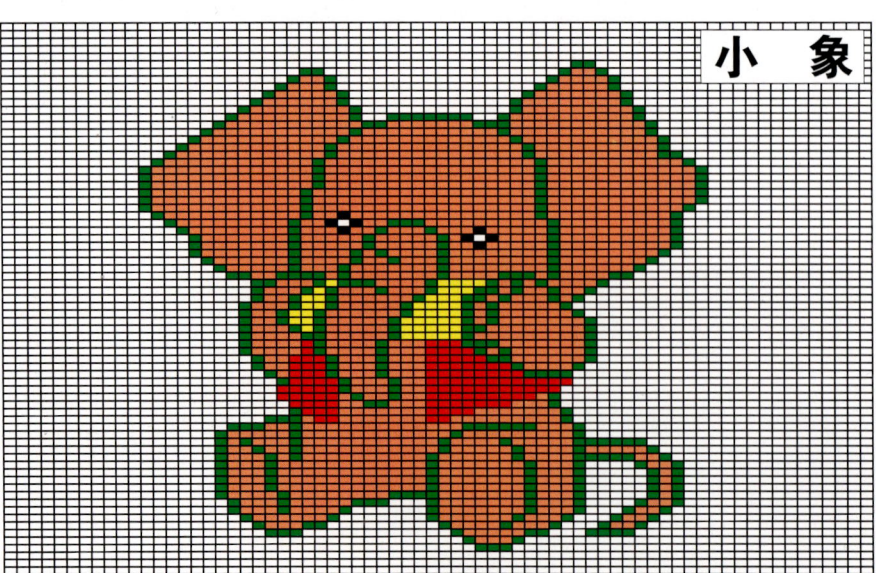
小象

每格编织2针2行,适合用全毛细绒线或多股纯棉纱线,图案位置居中,适合编织儿童毛衣套衫、背心的前片、后片或开衫的后片。

搭配指数:★★★★
适合群体:女孩

搭配指数：★★★★★
适合群体：男孩

搭配指数：★★★★★
适合群体：女孩

搭配指数：★★★★★
适合群体：男孩

牛牛

每格编织1针1行，适合用开司米绒线或全毛绒线，图案位置居中，适合编织儿童毛衣套衫的前片、后片或开衫的后片。

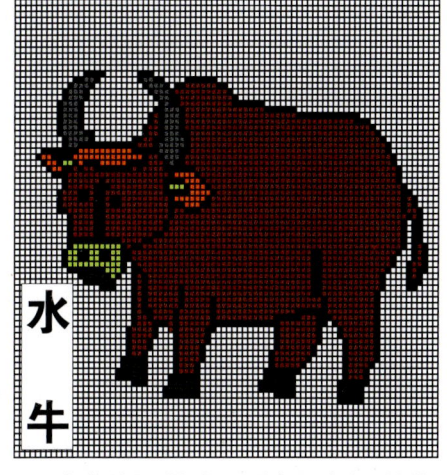

水牛

每格编织1针1行，适合用腈纶混纺线或全毛绒线，图案位置居中，适合编织儿童毛衣套衫的前片、后片或开衫的后片。

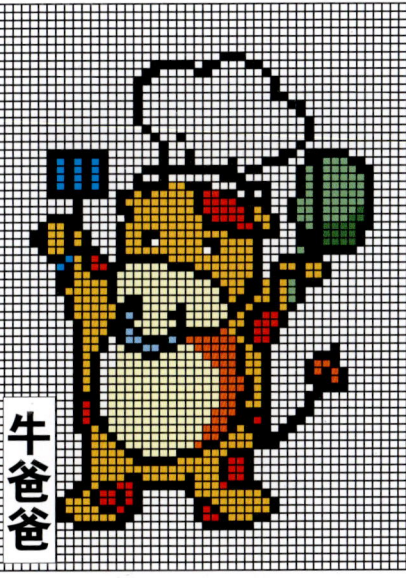

牛爸爸

每格编织1针1行，适合用腈纶混纺线或开司米线，图案位置居中，适合编织儿童毛衣套衫的前片、后片或开衫的后片。

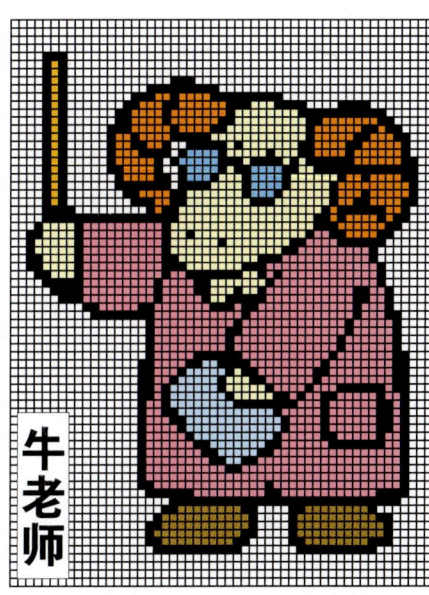

牛老师

每格编织1针1行，适合用开司米绒线或腈纶混纺线，图案位置居中，适合编织儿童毛衣套衫的前片、后片或开衫的后片。

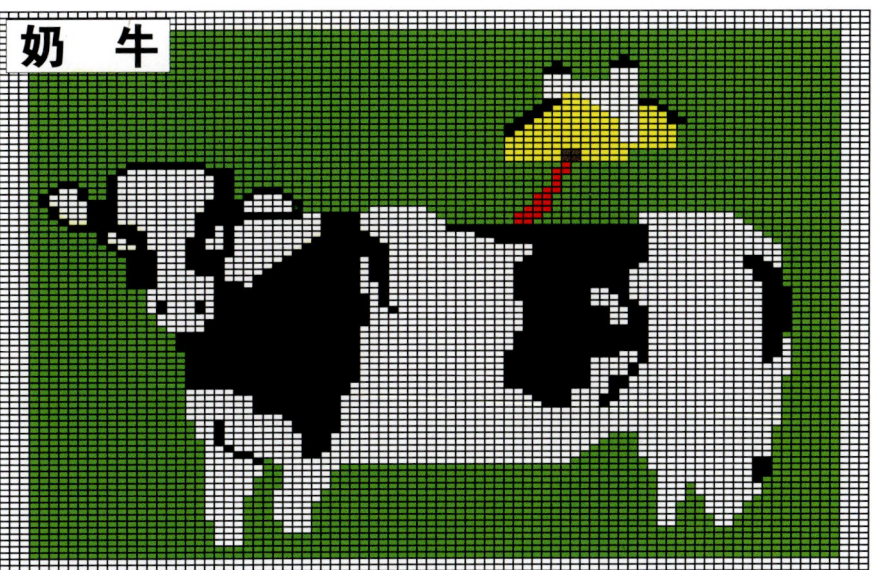

奶牛

每格编织2针2行，适合用单股棉线或腈纶混纺线，图案位置居中，适合编织儿童毛衣套衫、背心的前片、后片或开衫的后片。

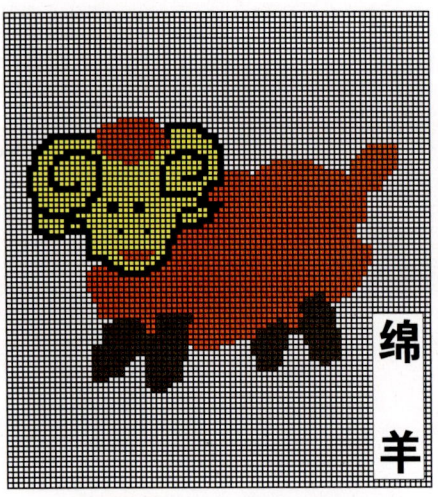

绵羊

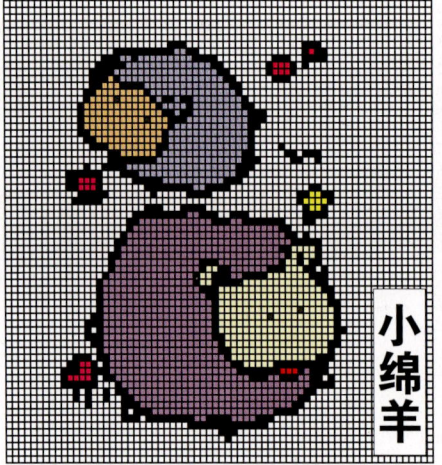

小绵羊

每格编织1针1行，适合用多股纯棉纱线或两三股开司米线，图案位置居中，适合编织儿童毛衣套衫的前片、后片。

每格编织1针1行，适合用全毛细绒线或两股极细羊毛线，图案位置居中，适合编织儿童毛衣套衫的前片、后片。

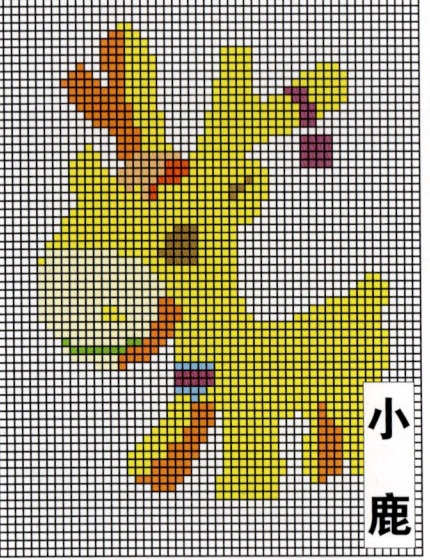

小鹿

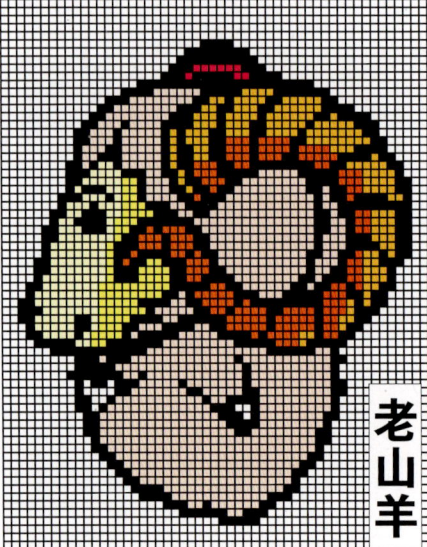

老山羊

每格编织1针1行，适合用双股棉线或腈纶混纺线，图案位置居中，适合编织儿童毛衣套衫的前片、后片或开衫的后片。

每格编织1针1行，适合用粗绒线或细绒线，图案位置居中，适合编织儿童毛衣套衫的前片、后片或开衫的后片。

大头羊

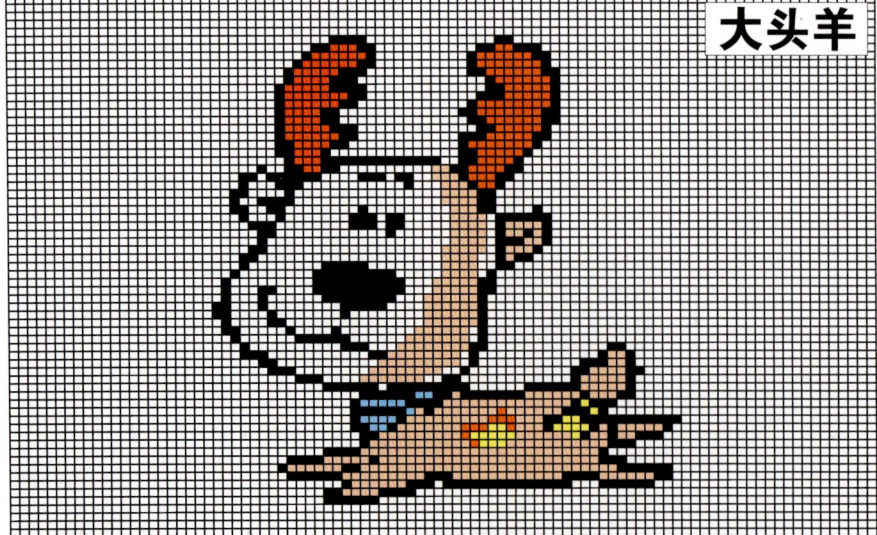

每格编织2针2行，适合用全毛细绒线或多股纯棉纱线，图案位置居中，适合编织儿童毛衣套衫、背心的前片、后片或开衫的后片。

搭配指数：★★★★★
适合群体：男孩

搭配指数：★★★★★
适合群体：男孩

搭配指数：★★★★
适合群体：男孩

搭配指数：★★★★★
适合群体：男孩

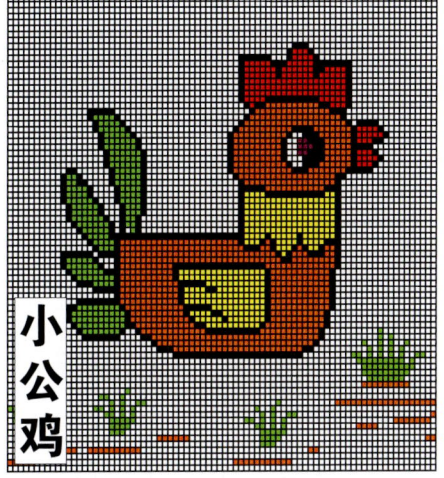

小公鸡

每格编织1针1行，适合用多股纯棉纱线或两三股开司米线，图案位置居中，适合编织儿童毛衣套衫的前片、后片。

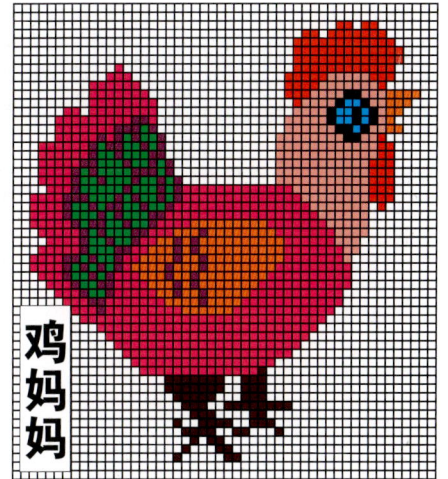

鸡妈妈

每格编织1针1行，适合用全毛细绒线或两股极细羊毛线，图案位置居中，适合编织儿童毛衣套衫的前片、后片。

搭配指数：★★★★★
适合群体：男孩

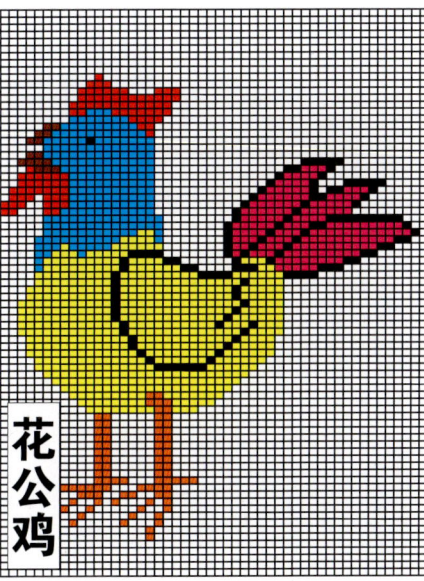

花公鸡

每格编织1针1行，适合用双股棉线或腈纶混纺线，图案位置居中，适合编织儿童毛衣套衫的前片、后片或开衫的后片。

红花鸡

每格编织1针1行，适合用粗绒线或细绒线，图案位置居中，适合编织儿童毛衣套衫的前片、后片或开衫的后片。

搭配指数：★★★★★
适合群体：男孩

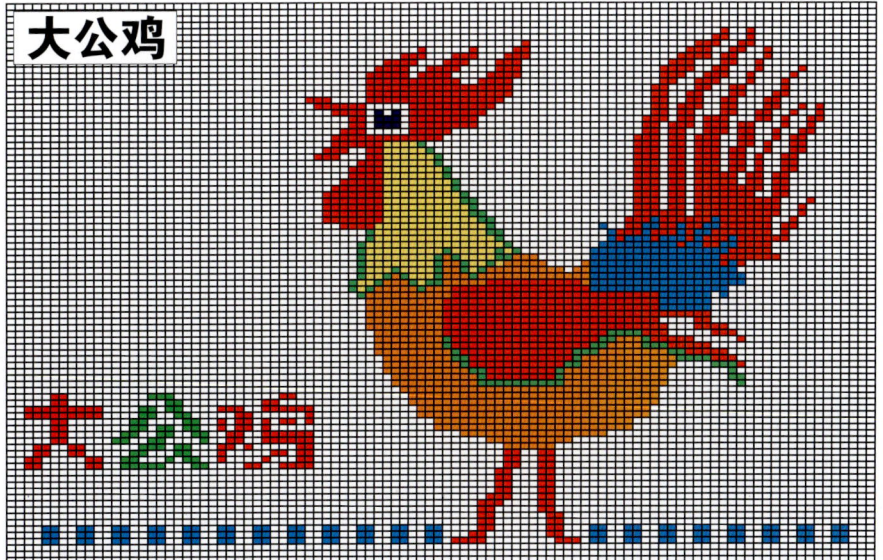

大公鸡

每格编织2针2行，适合用全毛细绒线或多股纯棉纱线，图案位置居中，适合编织儿童毛衣套衫、背心的前片、后片或开衫的后片。

跨越

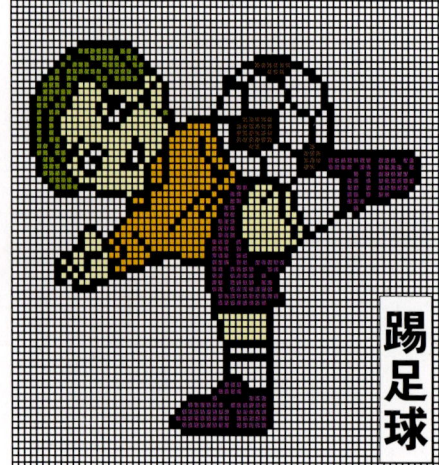
踢足球

每格编织2针2行，适合用细绒线或全毛绒线，图案位置居中，适合编织男孩毛衣套衫、背心的前片、后片或开衫的后片。

每格编织2针2行，适合用几股开司米线或全毛绒线，图案位置居中，适合编织男孩毛衣套衫的前片、后片。

搭配指数：★★★★★
适合群体：男孩

踢足球

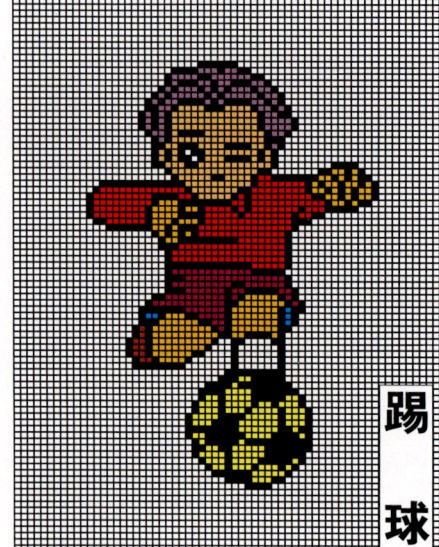
踢球

每格编织1针1行，适合用腈纶混纺线或全毛绒线，图案位置居中，适合编织男孩毛衣套衫的前片、后片或开衫的后片。

每格编织2针2行，适合用仿羊毛混纺线或开司米绒线，图案位置居中，适合编织男孩毛衣套衫的前片、后片或开衫的后片。

搭配指数：★★★★★
适合群体：男孩

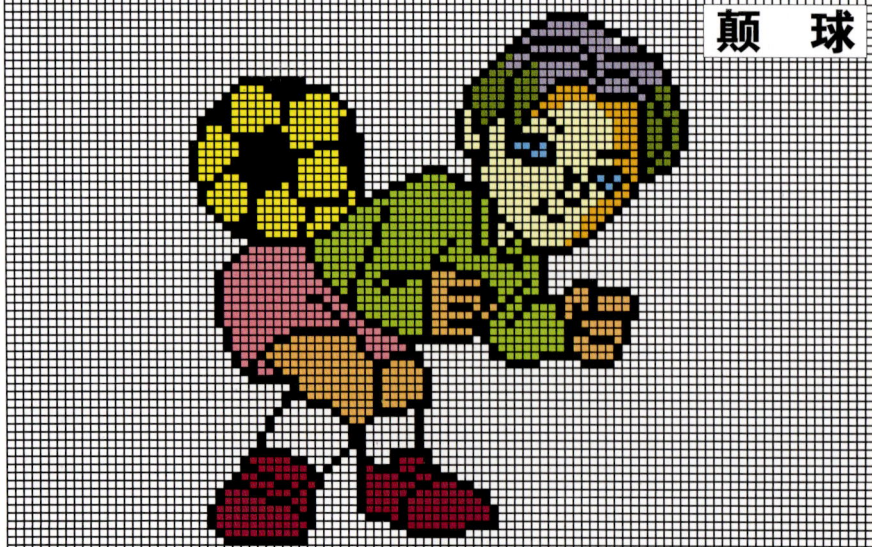
颠球

每格编织2针2行，适合用几股开司米线或全毛绒线，图案位置居中，适合编织男孩毛衣套衫、背心的前片、后片或开衫的后片。

搭配指数：★★★★★
适合群体：女孩

搭配指数：★★★★
适合群体：男孩

搭配指数：★★★★
适合群体：男孩

搭配指数：★★★★★
适合群体：男孩

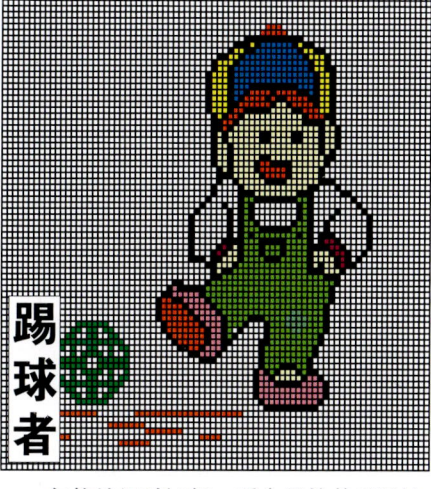

踢球者

每格编织2针2行，适合用仿羊毛混纺线或全毛绒线，图案位置居中，适合编织男孩毛衣套衫、背心的前片、后片。

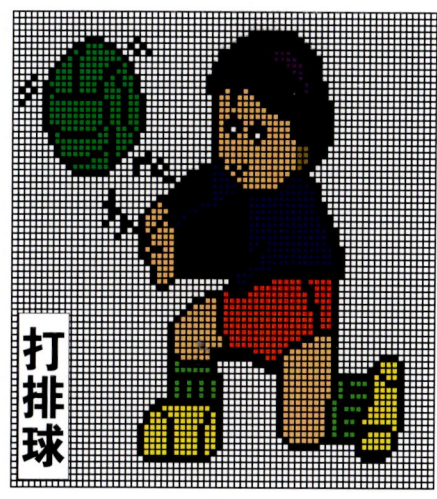

打排球

每格编织2针2行，适合用腈纶混纺线或开司米线，图案位置居中，适合编织女孩毛衣套衫的前片、后片或开衫的后片。

打篮球

每格编织1针1行，适合用开司米线或全毛绒线，图案位置居中，适合编织男孩毛衣套衫的前片、后片或开衫的后片。

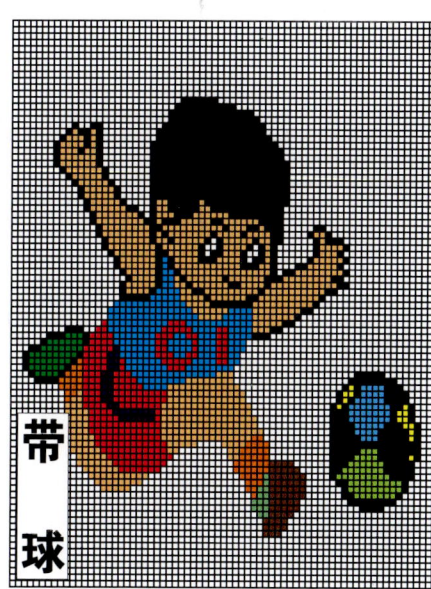

带球

每格编织2针2行，适合用开司米线和全毛绒线，图案位置居中，适合编织男孩毛衣背心的前片、后片或开衫的后片。

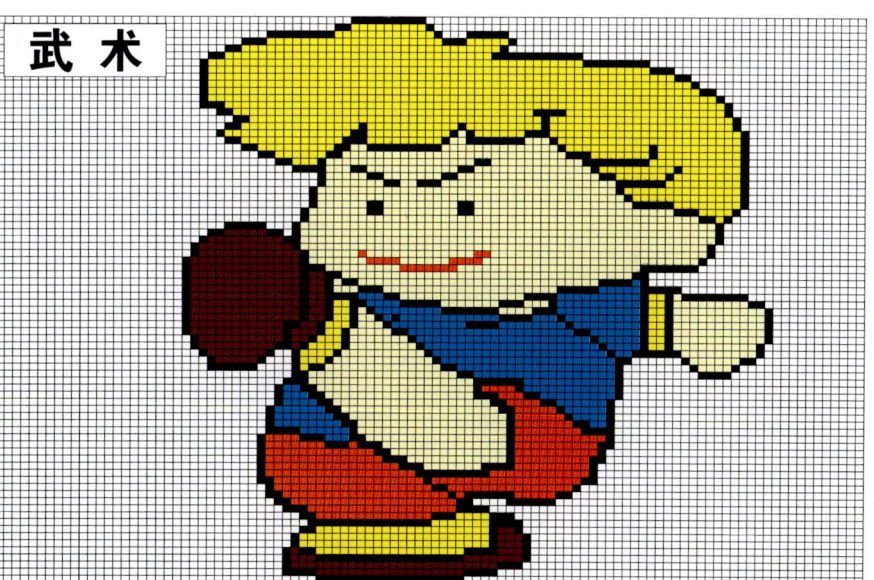

武术

每格编织1针1行，适合两三股马海毛线或两股全毛绒线，图案位置居中，适合编织男孩毛衣套衫的前片、后片。

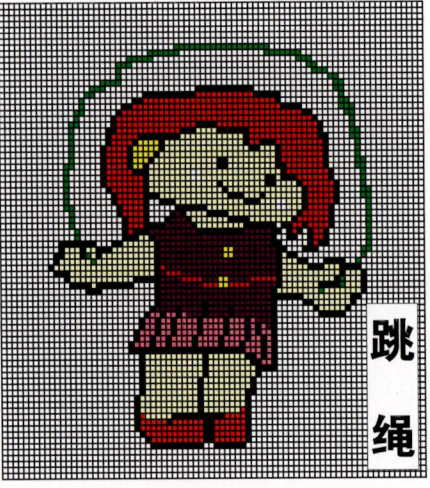

跳绳

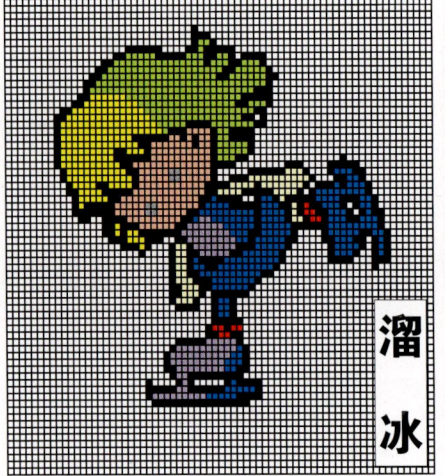

溜冰

每格编织2针2行，适合用仿羊毛混纺线或全毛绒线，图案位置居中，适合编织女孩毛衣套衫的前片、后片或开衫的后片。

每格编织2针2行，适合用细绒绳线或多股纯棉纱线，图案位置居中，适合编织女孩毛衣套衫的前片、后片或开衫的后片。

0073

搭配指数：★★★★★
适合群体：女孩

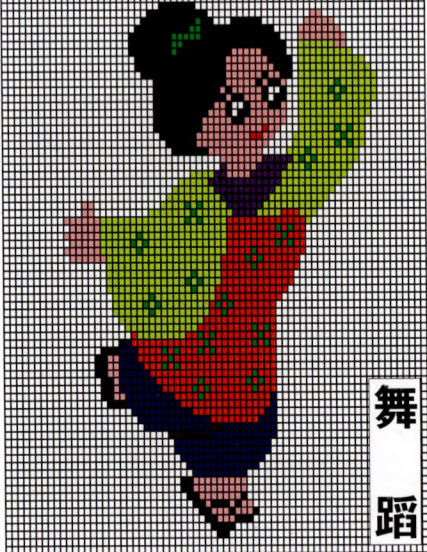

舞蹈

弹琴

每格编织2针2行，适合用腈纶混纺线或全毛绒线，图案位置居中，适合编织女孩毛衣套衫的前片、后片或开衫的后片。

每格编织1针1行，适合用中粗线或细绒线，图案位置居中，适合编织女孩毛衣套衫的前片、后片或开衫的后片。

0074

搭配指数：★★★★
适合群体：男孩

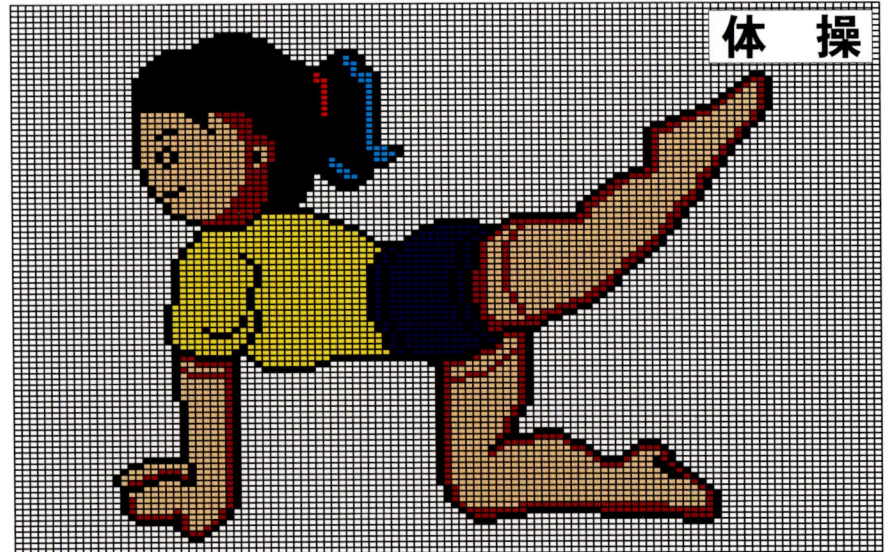

体操

每格编织1针1行，适合用全毛细绒线或开司米线，图案位置居中，适合编织女孩毛衣套衫、背心的前片、后片或开衫的后片。

0075

搭配指数：★★★★★
适合群体：男孩

搭配指数：★★★★
适合群体：男孩

搭配指数：★★★★★
适合群体：男孩

搭配指数：★★★★
适合群体：男孩

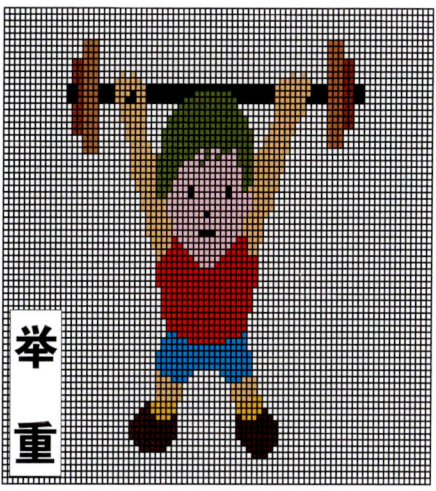

举重

每格编织1针1行，适合用单股马海毛线或全毛绒线，图案位置居中，适合编织男孩毛衣套衫的前片、后片或开衫的后片。

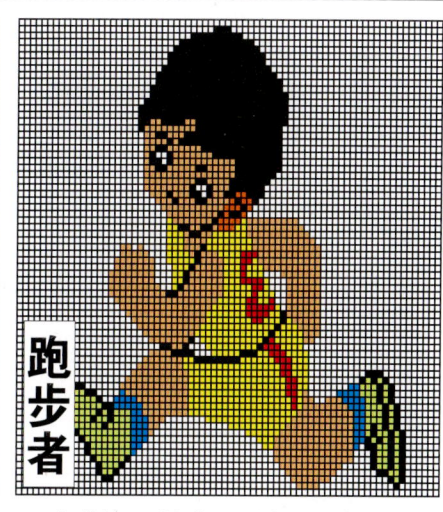

跑步者

每格编织1针1行，适合用双股棉线或仿羊毛绒线，图案位置居中，适合编织男孩毛衣套衫、背心的前片、后片或开衫的后片。

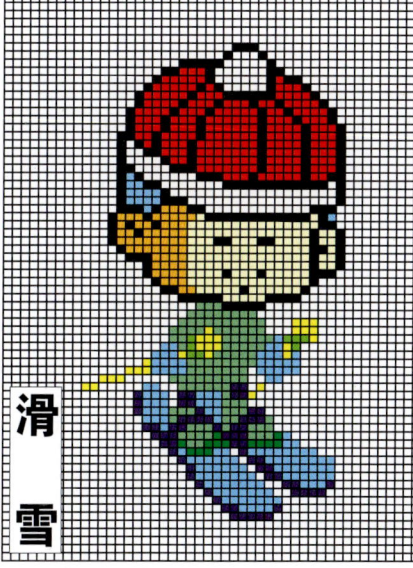

滑雪

每格编织2针2行，适合用腈纶混纺线或全毛绒线，图案位置居中，适合编织男孩毛衣套衫的前片、后片或开衫的后片。

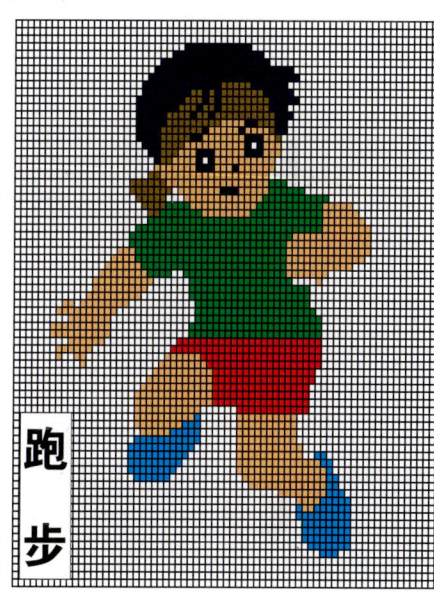

跑步

每格编织1针1行，适合用纯棉纱绒线或全毛绒线，图案位置居中，适合编织男孩毛衣套衫的前片、后片或开衫的后片。

舞蹈

每格编织1针1行，适合用两三股纯棉纱线或全毛绒线，图案位置居中，适合编织女孩毛衣套衫的前片、后片或开衫的后片。

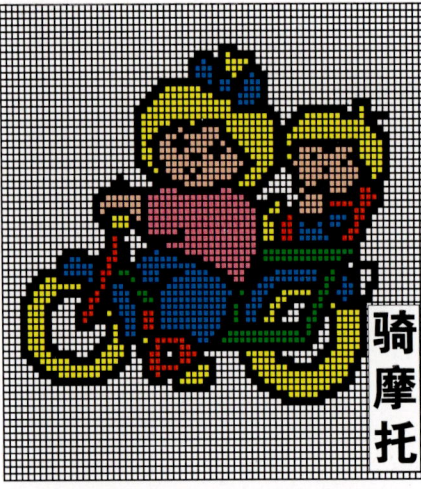

骑摩托

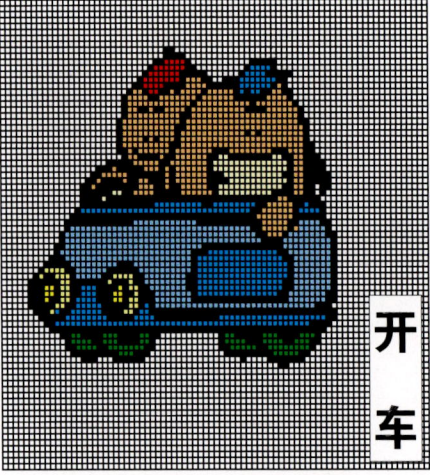

开车

每格编织1针1行，适合用中粗绒线或开司米线，图案位置居中，适合编织男孩毛衣套衫的前片、后片或开衫的后片。

每格编织1针1行，适合用腈纶混纺线或开司米线，图案位置居中，适合编织男孩毛衣套衫的前片、后片或开衫的后片。

滑板车

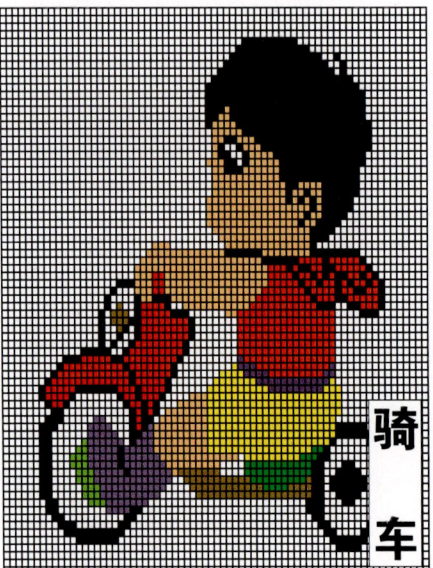

骑车

每格编织2针2行，适合用腈纶混纺线或全毛绒线，图案位置居中，适合编织男孩毛衣套衫的前片、后片或开衫的后片。

每格编织1针1行，适合用腈纶混纺线或开司米线，图案位置居中，适合编织男孩毛衣套衫的前片、后片或开衫的后片。

骑单车

每格编织2针2行，适合用两股纯棉纱线或两股开司米绒线，图案位置居中，适合编织男孩毛衣套衫、背心的前片、后片或开衫的后片。

搭配指数：★★★★★
适合群体：男孩

搭配指数：★★★★
适合群体：男孩

搭配指数：★★★★★
适合群体：女孩

搭配指数：★★★★★
适合群体：男孩

搭配指数：★★★★★
适合群体：女孩

搭配指数：★★★★★
适合群体：男孩

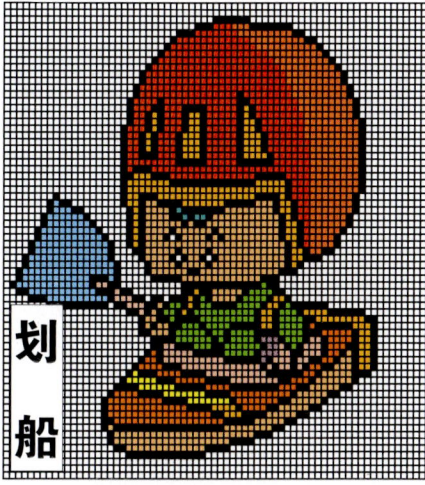

划船

　　每格编织1针1行，适合用开司米绒线或全毛绒线，图案位置居中，适合编织女孩毛衣套衫的前片、后片或开衫的后片。

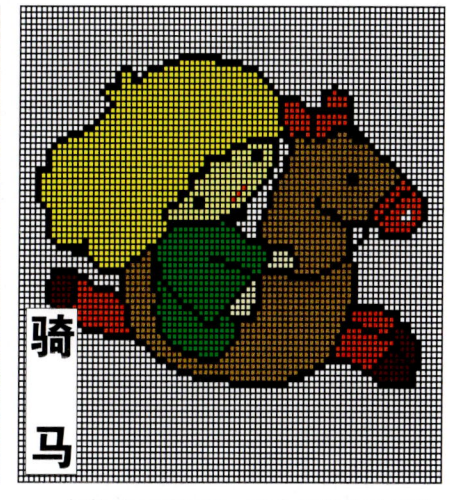

骑马

　　每格编织2针2行，适合用仿羊毛绒线或全毛绒线，图案位置居中，适合编织女孩毛衣套衫的前片、后片或开衫的后片。

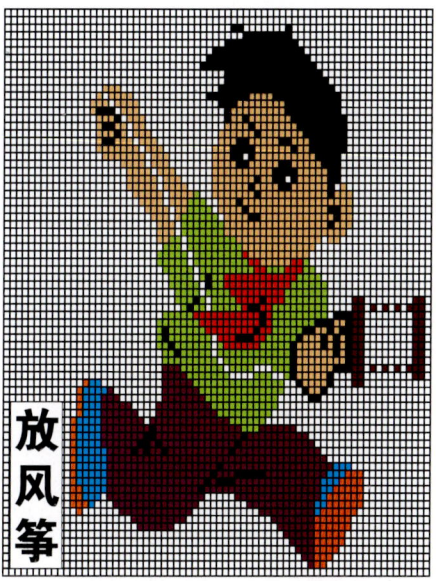

放风筝

　　每格编织2针2行，适合用仿羊毛细线或中粗绒线，图案位置居中，适合编织男孩毛衣套衫的前片、后片或开衫的后片。

扫地

　　每格编织1针1行，适合用腈纶混纺线或全毛绒线，图案位置居中，适合编织女孩毛衣套衫的前片、后片或开衫的后片。

做体操

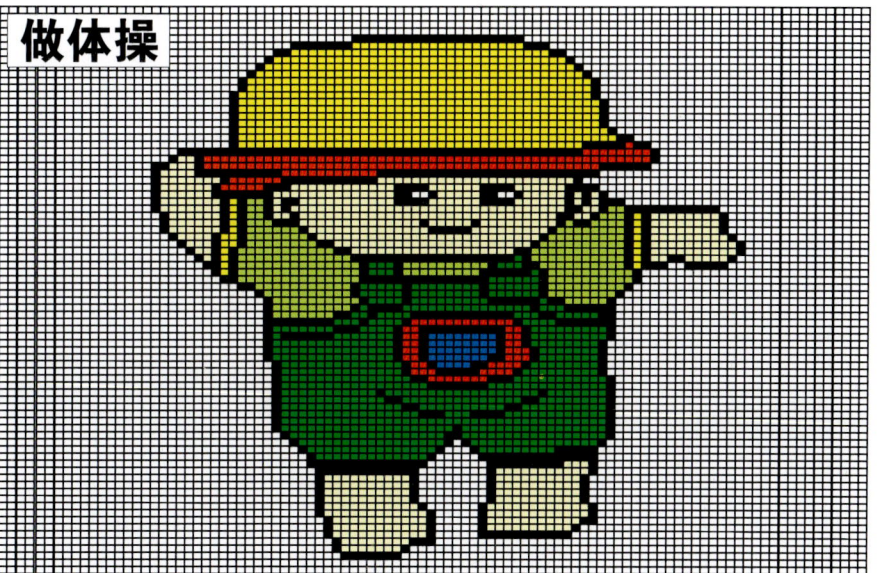

　　每格编织2针2行，适合用中粗羊毛线或几股开司米线，图案位置居中，适合编织男孩毛衣套衫的前片、后片。

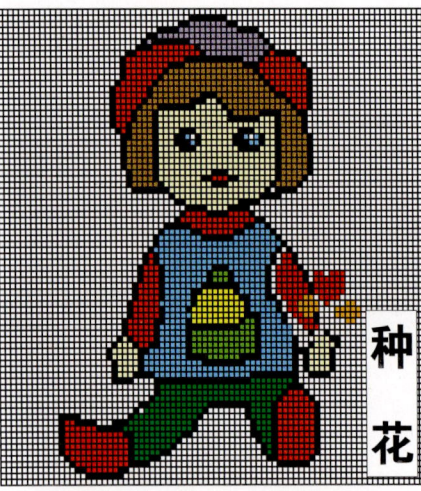

种花

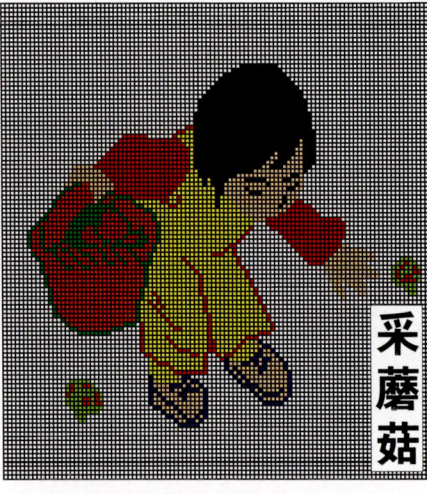

采蘑菇

每格编织2针2行,适合用仿羊毛绒线或全毛绒线,图案位置居中,适合编织女孩毛衣套衫的前片、后片或开衫的后片。

每格编织2针2行,适合用双股马海毛线或中粗绒线,图案位置居中,适合编织女孩毛衣套衫、背心的前片、后片或开衫的后片。

(0085)

搭配指数:★★★★★
适合群体:女孩与男孩

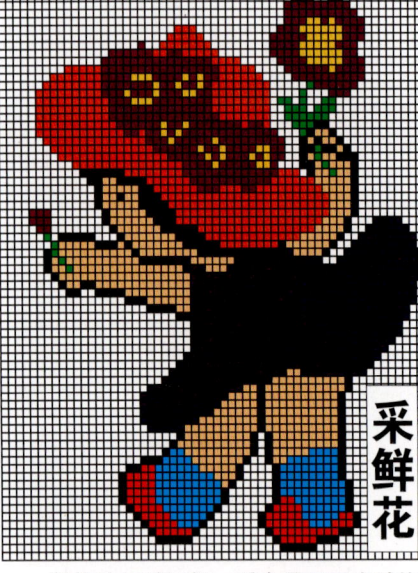

采鲜花

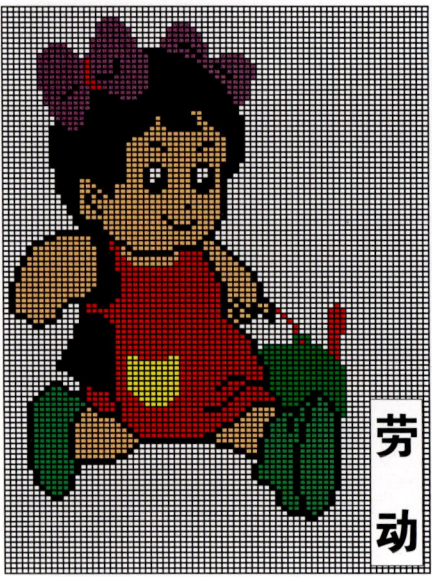

劳动

每格编织1针1行,适合用开司米绒线或全毛绒线,图案位置居中,适合编织女孩毛衣套衫的前片、后片或开衫的后片。

每格编织1针1行,适合用细绒绳线或仿羊毛绒线,图案位置居中,适合编织女孩毛衣套裙、短袖的前片、后片。

(0086)

搭配指数:★★★★★
适合群体:女孩

植树

每格编织1针1行,适合用羊毛混纺线或几股开司米线,图案位置居中,适合编织毛衣套衫、背心的前片、后片或开衫的后片。

(0087)

搭配指数:★★★★★
适合群体:女孩与男孩

搭配指数：★★★★★
适合群体：女孩

搭配指数：★★★★
适合群体：男孩

搭配指数：★★★
适合群体：女孩

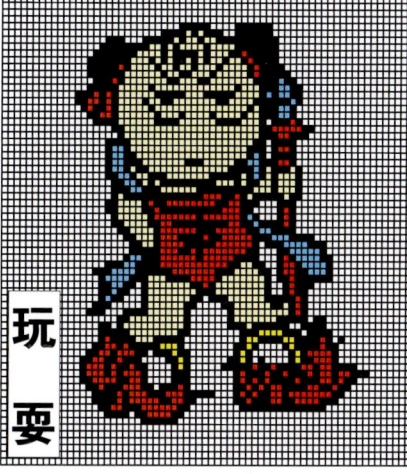

每格编织2针2行，适合用开司米绒线或全毛绒线，图案位置居中，适合编织女孩毛衣套衫的前片、后片或开衫的后片。

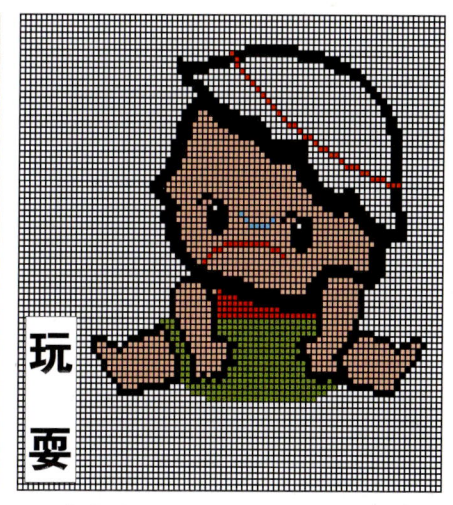

每格编织1针1行，适合用仿羊毛绒线或全毛绒线，图案位置居中，适合编织女孩毛衣套衫的前片、后片或开衫的后片。

每格编织1针1行，适合用开司米绒线或全毛绒线，图案位置居中，适合编织女孩毛衣套裙、短袖的前片、后片。

每格编织2针2行，适合用仿羊毛细绒线或开司米线，图案位置居中，适合编织女孩毛衣套衫的前片、后片或开衫的后片。

每格编织2针2行，适合用中粗羊毛线或几股马海毛线，图案位置居中，适合编织男孩毛衣套衫、背心的前片、后片。

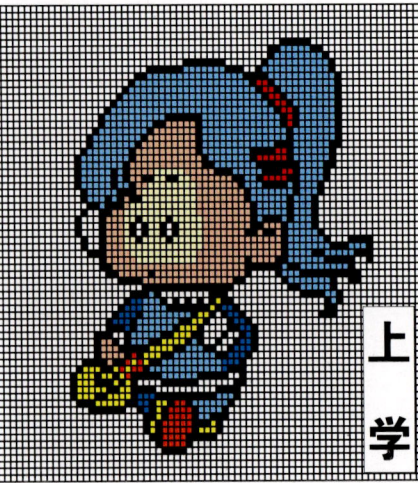

上学

每格编织1针1行,适合用细绵纱绒线或全毛绒线,图案位置居中,适合编织女孩毛衣套衫的前片、后片或开衫的后片。

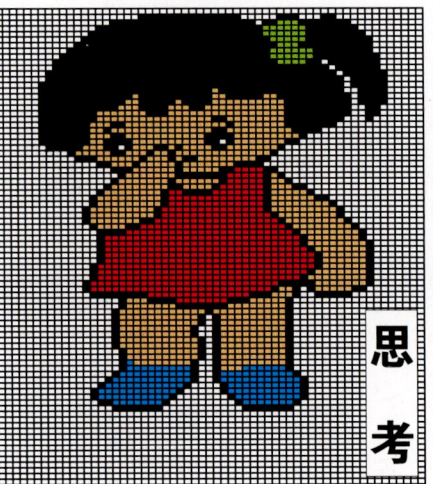

思考

每格编织1针1行,适合用开司米绒线或全毛绒线,图案位置居中,适合编织女孩毛衣套衫的前片、后片或开衫的后片。

看报纸

每格编织2针2行,适合用细棉纱绒线或全毛绒线,图案位置居中,适合编织女孩毛衣套衫的前片、后片。

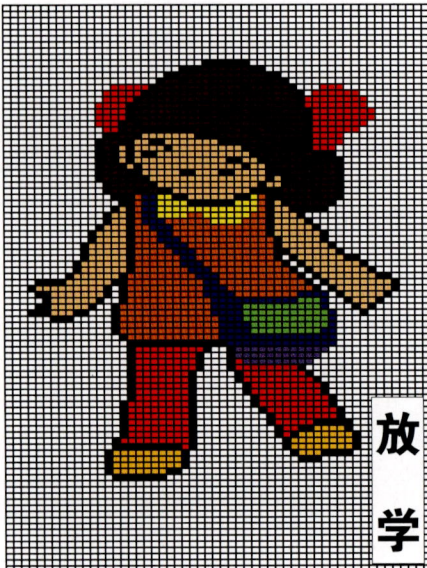

放学

每格编织1针1行,适合用仿羊毛绒线或开司米线,图案位置居中,适合编织女孩毛衣套衫的前片、后片。

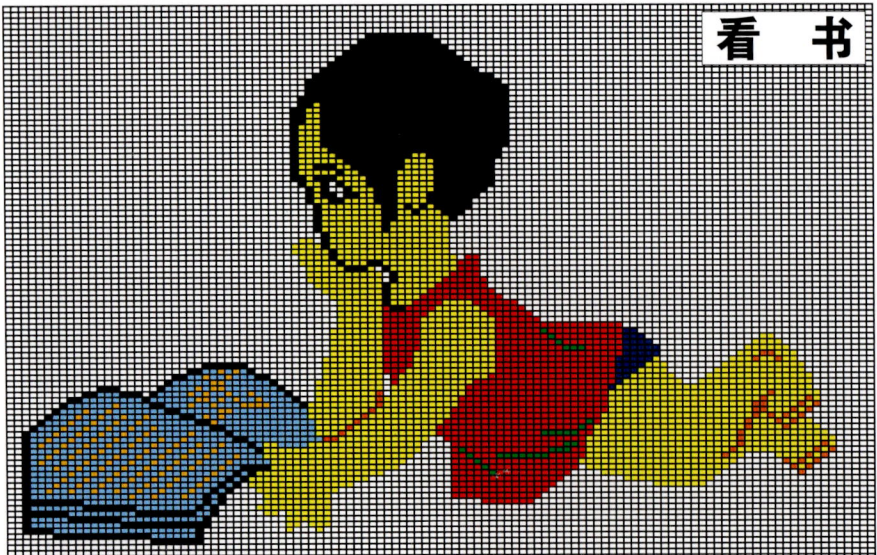

看书

每格编织2针2行,适合用极细羊毛线或单股棉纱线,图案位置居中,适合编织女孩毛衣套衫、背心的前片、后片。

0091
搭配指数:★★★★
适合群体:女孩

0092
搭配指数:★★★★★
适合群体:女孩

0093
搭配指数:★★★
适合群体:男孩

搭配指数：★★★★
适合群体：女孩

搭配指数：★★★★
适合群体：女孩

搭配指数：★★★★
适合群体：女孩与男孩

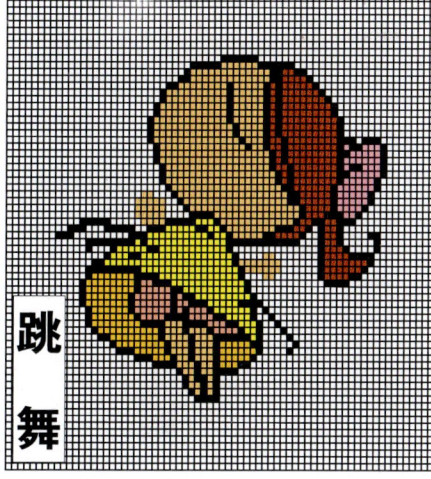

跳舞

每格编织1针1行，适合用仿羊毛绒线或全毛绒线，图案位置居中，适合编织女孩毛衣套衫的前片、后片或开衫的后片。

吹笛

每格编织1针1行，适合用腈纶混纺线或全毛绒线，图案位置居中，适合编织女孩毛衣套衫、背心的前片、后片。

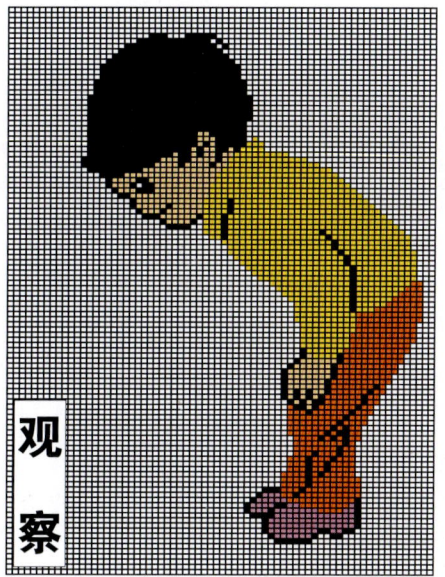

观察

每格编织2针2行，适合用腈纶混纺线或开司米线，图案位置居中，适合编织男孩毛衣套衫的前片、后片或开衫的后片。

玩气球

每格编织1针1行，适合用仿羊毛绒线或开司米线，图案位置居中，适合编织男孩毛衣套衫的前片、后片或开衫的后片。

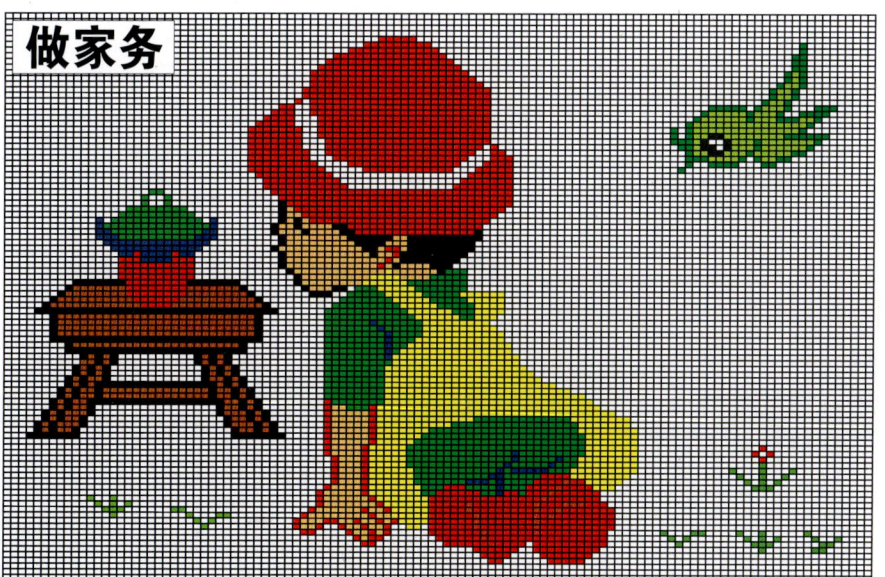

做家务

每格编织2针2行，适合用中粗绒线或全毛绒线，图案位置居中，适合编织女孩毛衣套衫、背心的前片、后片或开衫的后片。

小顽皮

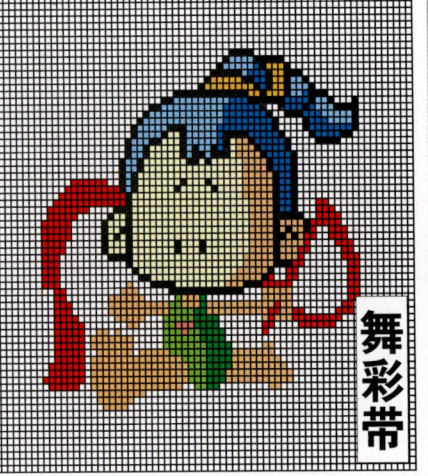

舞彩带

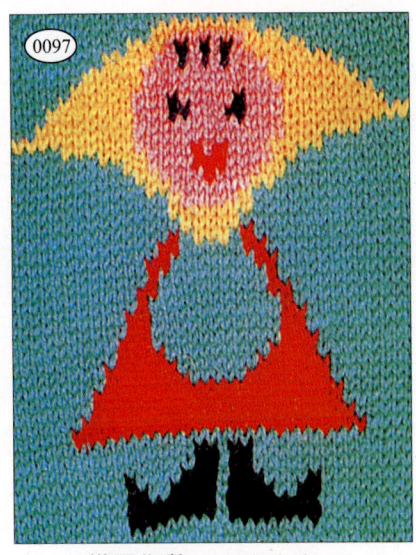

0097

搭配指数：★★★★
适合群体：女孩

每格编织1针1行，适合用单股棉纱线或单股开司米线，图案位置居中，适合编织男孩毛衣套衫的前片、后片或开衫的后片。

每格编织1针1行，适合用单股棉纱线或全毛绒线，图案位置居中，适合编织女孩毛衣套衫的前片、后片或开衫的后片。

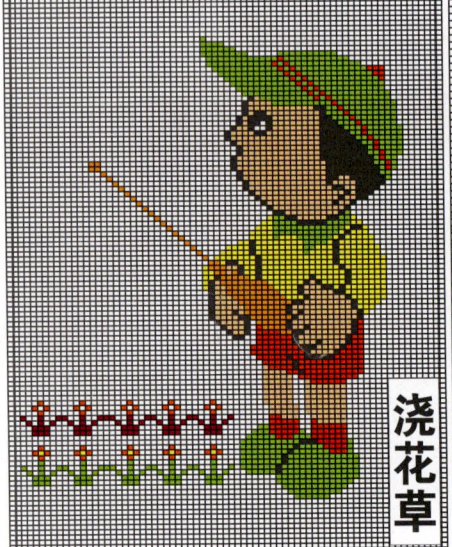

浇花草

跳舞

0098

搭配指数：★★★★
适合群体：女孩与男孩

每格编织1针1行，适合用开司米绒线或细棉纱线，图案位置居中，适合编织男孩毛衣套衫的前片、后片或开衫的后片。

每格编织1针1行，适合用腈纶混纺线或开司米线，图案位置居中，适合编织女孩毛衣套衫的前片、后片或开衫的后片。

打鼓

0099

搭配指数：★★★
适合群体：男孩

每格编织2针2行，适合用双股棉纱线或全毛绒线，图案位置居中，适合编织女孩毛衣套衫、背心的前片、后片或开衫的后片。

搭配指数：★★★★
适合群体：男孩

搭配指数：★★★★
适合群体：女孩与男孩

搭配指数：★★★★
适合群体：女孩

沉思

每格编织1针1行，适合用腈纶混纺线或全毛绒线，图案位置居中，适合编织女孩毛衣套衫的前片、后片或开衫的后片。

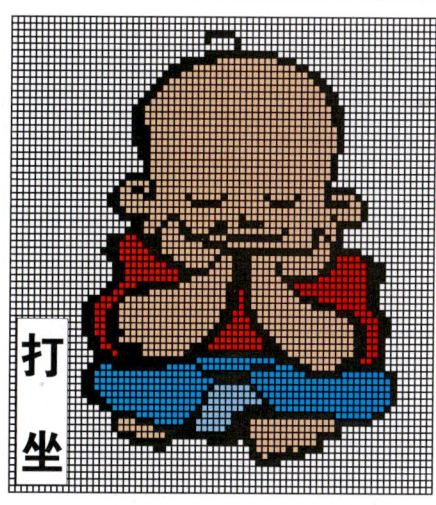

打坐

每格编织1针1行，适合用开司米绒线或全毛绒线，图案位置居中，适合编织男孩毛衣套衫的前片、后片或开衫的后片。

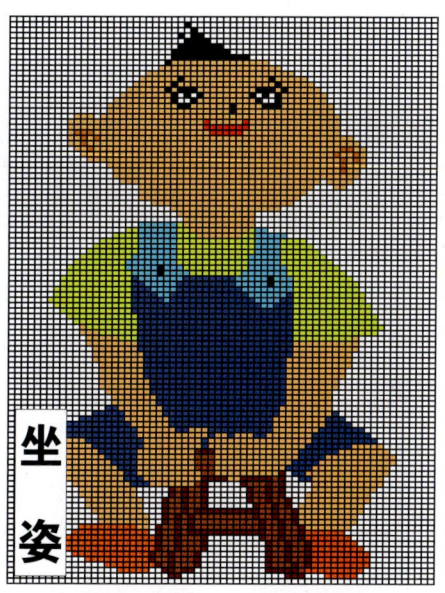

坐姿

每格编织1针1行，适合用仿羊毛绒线或全毛绒线，图案位置居中，适合编织男孩毛衣套衫的前片、后片或开衫的后片。

得意

每格编织1针1行，适合用腈纶混纺线或仿羊毛线，图案位置居中，适合编织男孩毛衣套衫的前片、后片或开衫的后片。

思索

每格编织1针1行，适合用羊毛混纺绒线或全毛绒线，图案位置居中，适合编织男孩毛衣套衫的前片、后片或开衫的后片。

长辫女

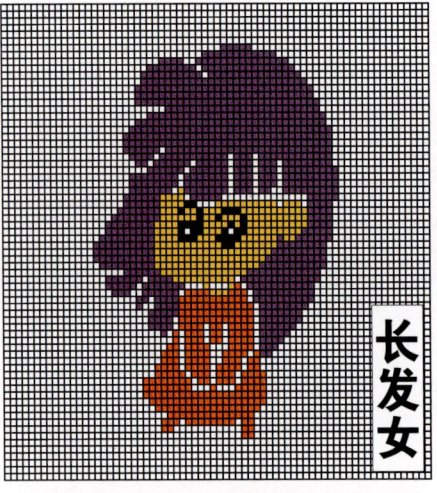
长发女

0103

搭配指数：★★★★
适合群体：男孩

每格编织1针1行，适合用腈纶混纺线或全毛绒线，图案位置居中，适合编织儿童毛衣套衫的前片、后片或开衫的后片。

每格编织1针1行，适合用仿羊毛绒线或全毛绒线，图案位置居中，适合编织女孩毛衣套衫的前片、后片或开衫的后片。

男孩

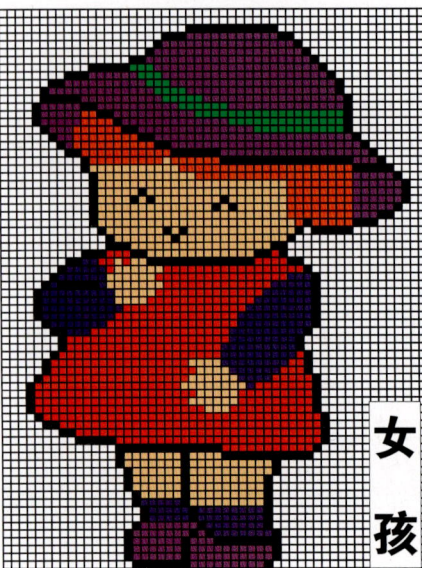
女孩

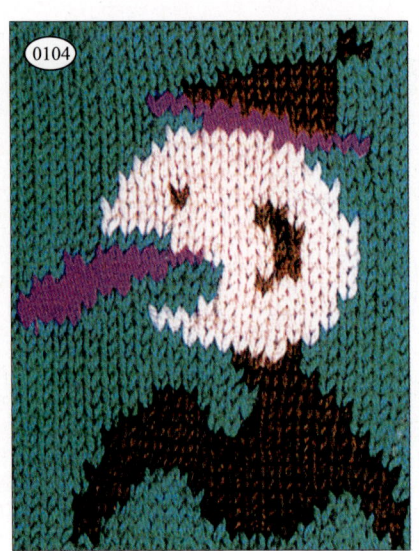
0104

搭配指数：★★★★
适合群体：男孩

每格编织1针1行，适合用开司米绒线或全毛绒线，图案位置居中，适合编织男孩毛衣套衫的前片、后片或开衫的后片。

每格编织1针1行，适合用仿羊毛绒线或全毛绒线，图案位置居中，适合编织女孩毛衣套衫的前片、后片或开衫的后片。

小侠客

0105

搭配指数：★★★★
适合群体：男孩

每格编织1针1行，适合用细棉纱绒线或全毛绒线，图案位置居中，适合编织男孩毛衣套衫的前片、后片或开衫的后片。

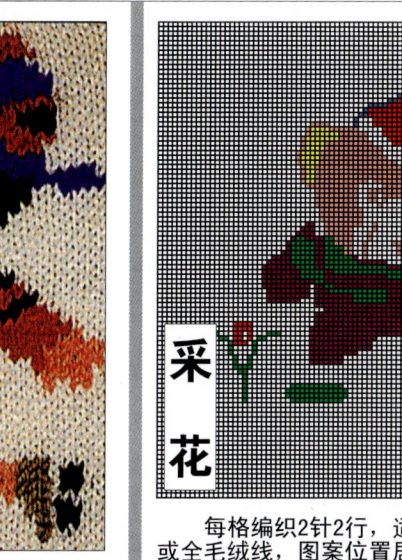

采花

喂小兔

0106

搭配指数：★★★★
适合群体：男孩

每格编织2针2行，适合用腈纶混纺线或全毛绒线，图案位置居中，适合编织儿童毛衣套衫、背心或开衫的前片、后片。

每格编织2针2行，适合用腈纶混纺线或全毛绒线，图案位置居中，适合编织女孩毛衣套衫、背心的前片、后片或开衫的后片。

0107

锻炼

小调皮

搭配指数：★★★★★
适合群体：男孩

每格编织1针1行，适合用腈纶混纺线或全毛绒线，图案位置居中，适合编织女孩毛衣套衫的前片、后片或开衫的后片。

每格编织1针1行，适合用开司米绒线或羊毛混纺线，图案位置居中，适合编织女孩毛衣套衫的前片、后片或开衫的后片。

0108

拔萝卜

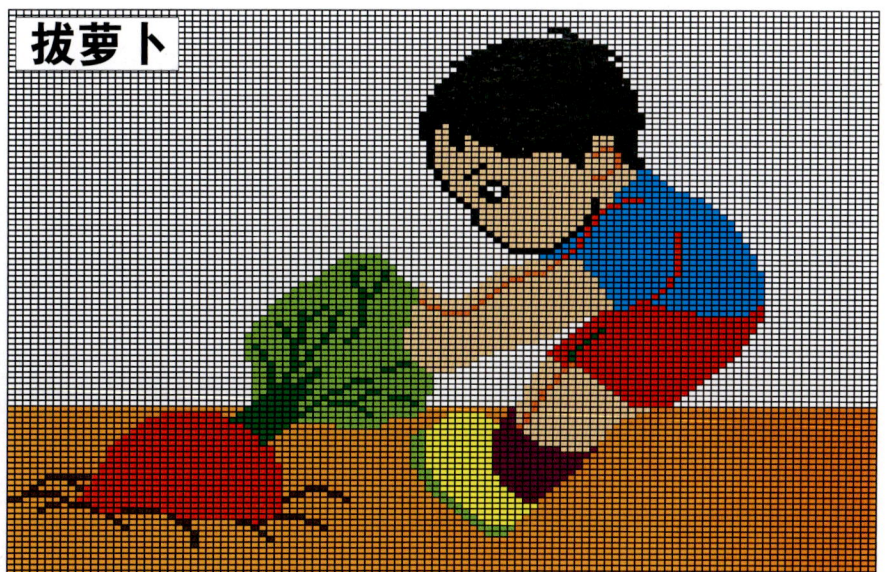

搭配指数：★★★
适合群体：男孩

每格编织2针2行，适合用单股棉线或单股全毛绒线，图案位置居中，适合编织男孩毛衣套衫、背心或开衫的前片、后片。

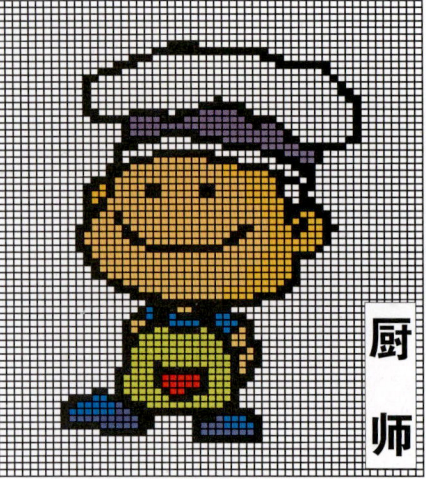
厨师

每格编织1针1行,适合用开司米绒线或全毛绒线,图案位置居中,适合编织男孩毛衣套衫的前片、后片或开衫的后片。

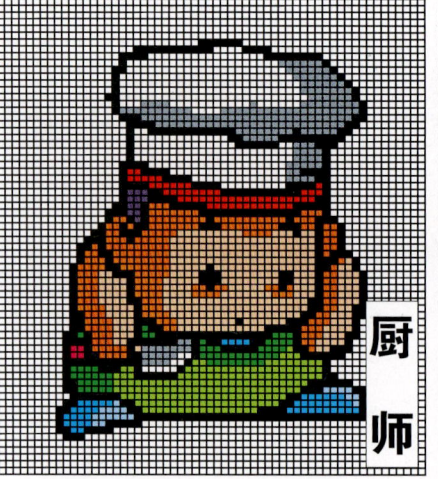
厨师

每格编织1针1行,适合用腈纶混纺线或开司米线,图案位置居中,适合编织男孩毛衣套衫的前片、后片或开衫的后片。

0109

搭配指数:★★★★
适合群体:男孩

小交警

每格编织1针1行,适合用仿羊毛绒线或全毛绒线,图案位置居中,适合编织男孩毛衣套衫的前片、后片或开衫的后片。

小海军

每格编织1针1行,适合用开司米绒线或全毛绒线,图案位置居中,适合编织男孩毛衣套衫的前片、后片或开衫的后片。

0110

搭配指数:★★★
适合群体:男孩

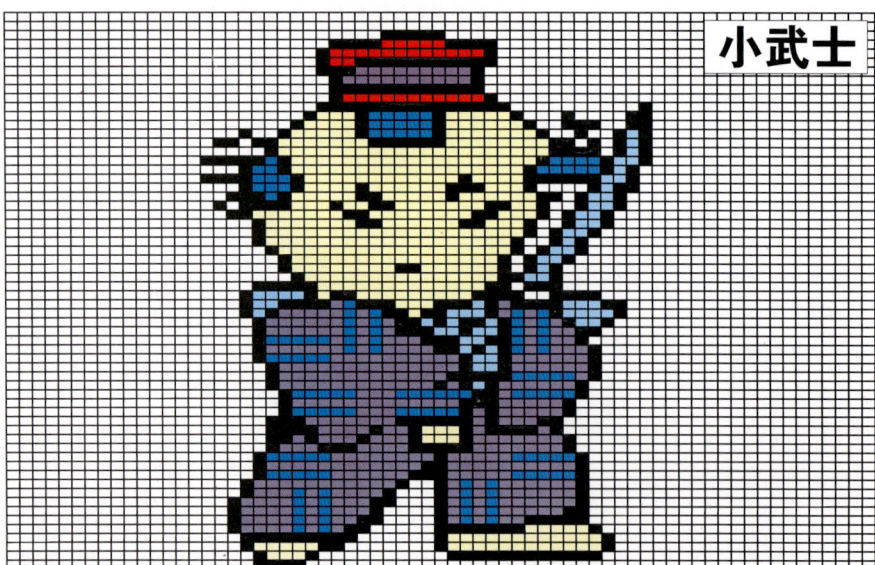
小武士

每格编织1针1行,适合用腈纶混纺线或开司米线,图案位置居中,适合编织男孩毛衣套衫的前片、后片或开衫的后片。

0111

搭配指数:★★★★
适合群体:男孩

搭配指数：★★★★★
适合群体：女孩

阿姨

每格编织1针1行，适合用仿羊毛绒线或全毛绒线，图案位置居中，适合编织女孩毛衣套衫的前片、后片或开衫的后片。

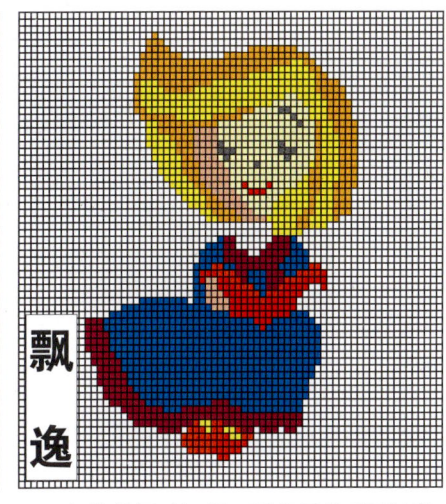

飘逸

每格编织1针1行，适合用羊毛混纺线或全毛绒线，图案位置居中，适合编织女孩毛衣套衫的前片、后片或开衫的后片。

搭配指数：★★★
适合群体：女孩

小女孩

每格编织1针1行，适合用羊毛混纺线或全毛绒线，图案位置居中，适合编织女孩毛衣套衫的前片、后片或开衫的后片。

小公主

每格编织2针2行，适合用中粗绒线或两股马海毛线，图案位置居中，适合编织女孩毛衣套衫、背心的前片、后片或开衫的后片。

搭配指数：★★★★
适合群体：女孩

戴花女

每格编织2针2行，适合用中粗绒线或两股马海毛线，图案位置居中，适合编织女孩毛衣套衫、背心的前片、后片或开衫的后片。

深沉

每格编织1针1行，适合用开司米绒线或全毛绒线，图案位置居中，适合编织男孩毛衣套衫的前片、后片或开衫的后片。

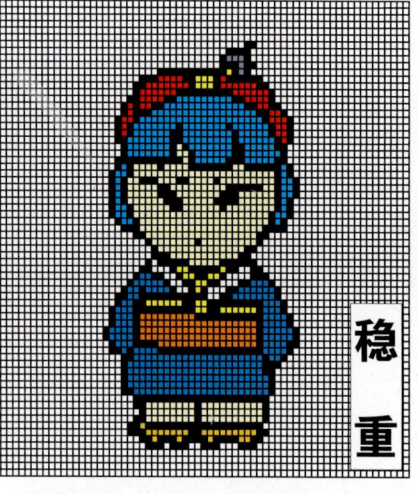

稳重

每格编织1针1行，适合用腈纶混纺线或开司米绒线，图案位置居中，适合编织男孩毛衣套衫的前片、后片或开衫的后片。

0115

搭配指数：★★★
适合群体：女孩

安静

每格编织1针1行，适合用仿羊毛绒线或全毛绒线，图案位置居中，适合编织女孩毛衣套衫的前片、后片或开衫的后片。

圆脸女

每格编织1针1行，适合用细棉纱绒线或全毛绒线，图案位置居中，适合编织儿童毛衣套衫的前片、后片或开衫的后片。

0116

搭配指数：★★★★
适合群体：女孩

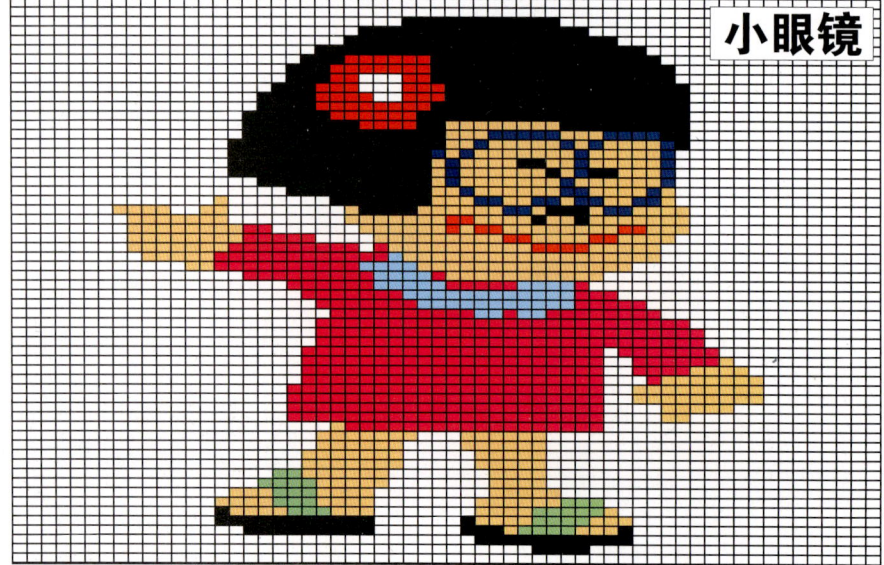

小眼镜

每格编织2针2行，适合用双股棉线或仿羊毛混纺线，图案位置居中，适合编织女孩毛衣套衫、背心的前片、后片或开衫的后片。

0117

搭配指数：★★★★
适合群体：男孩

搭配指数：★★★★
适合群体：女孩

搭配指数：★★★
适合群体：女孩

搭配指数：★★★★★
适合群体：女孩

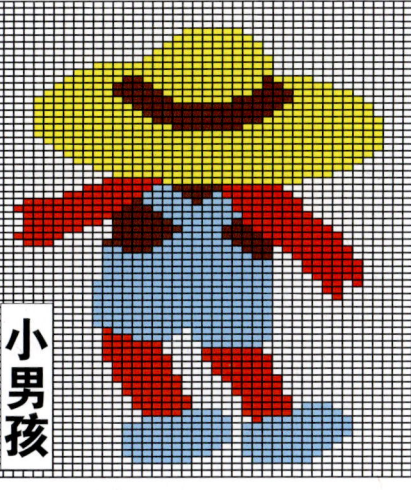

小男孩

每格编织1针1行，适合用开司米绒线或全毛绒线，图案位置居中，适合编织女孩毛衣套衫的前片、后片或开衫的后片。

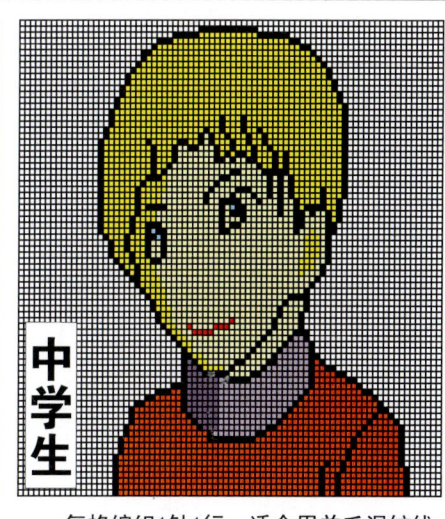

中学生

每格编织1针1行，适合用羊毛混纺线或全毛绒线，图案位置居中，适合编织男孩毛衣套衫的前片、后片或开衫的后片。

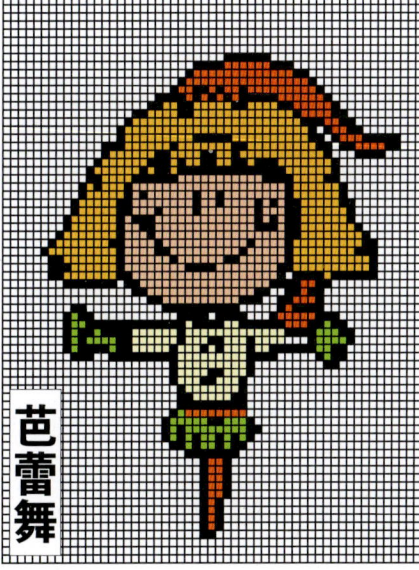

芭蕾舞

每格编织1针1行，适合用中粗绒线或两股马海毛线，图案位置居中，适合编织女孩毛衣套衫的前片、后片或开衫的后片。

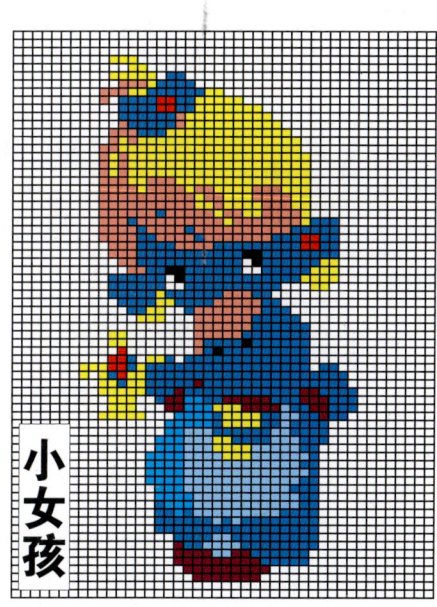

小女孩

每格编织1针1行，适合用中粗绒线或两股马海毛线，图案位置居中，适合编织女孩毛衣套衫的前片、后片或开衫的后片。

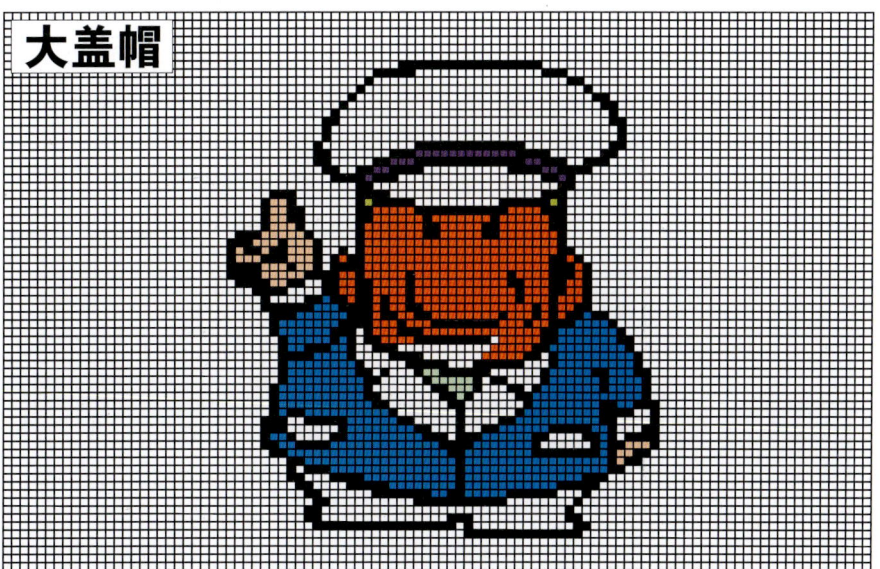

大盖帽

每格编织2针2行，适合用全毛细绒线或两三股开司米线，图案位置居中，适合编织男孩毛衣套衫、背心的前片、后片或开衫的后片。

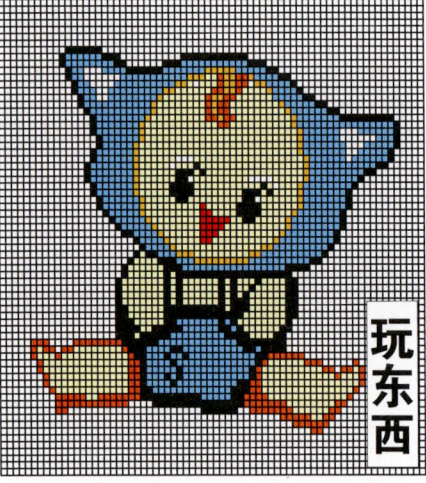
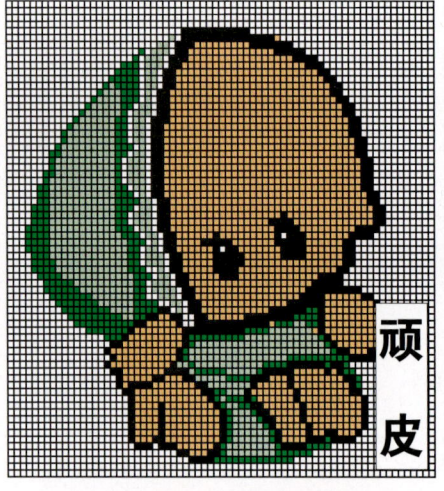
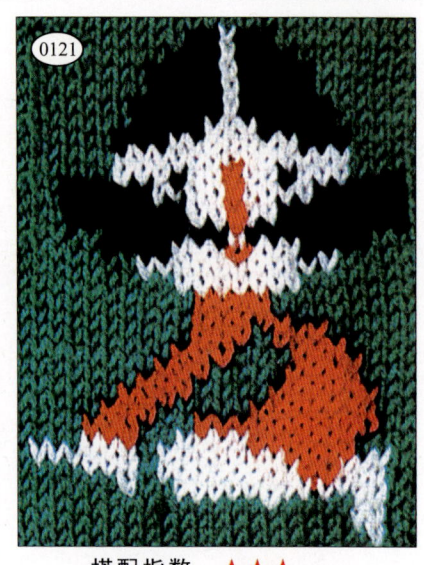

玩东西

每格编织1针1行，适合用开司米绒线或全毛绒线，图案位置居中，适合编织女孩毛衣套衫的前片、后片或开衫的后片。

顽皮

每格编织1针1行，适合用腈纶混纺线或开司米线，图案位置居中，适合编织女孩毛衣套衫的前片、后片或开衫的后片。

0121

搭配指数：★★★
适合群体：男孩

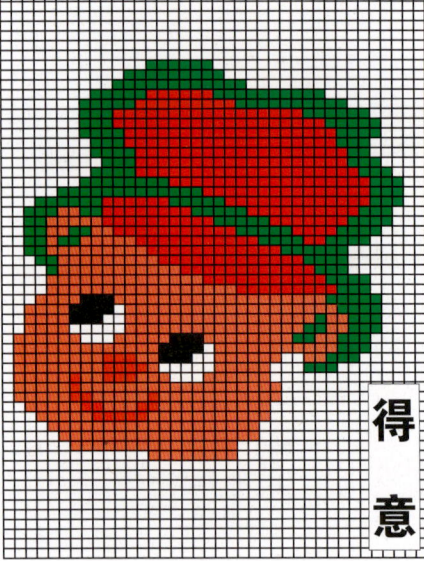
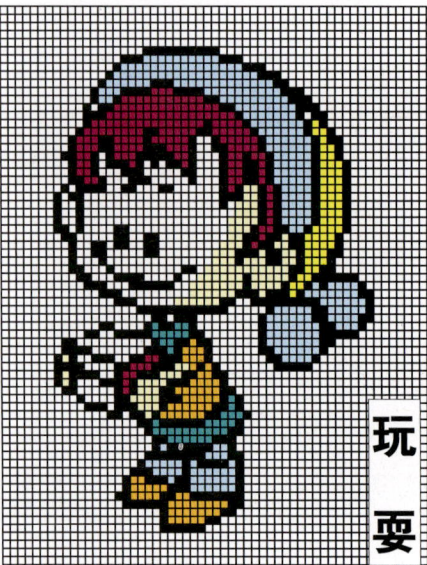

得意

每格编织1针1行，适合用开司米绒线或全毛绒线，图案位置居中，适合编织儿童毛衣套衫的前片、后片或开衫的后片。

玩耍

每格编织1针1行，适合用全毛细绒线或仿羊毛混纺线，图案位置居中，适合编织女孩毛衣套衫的前片、后片或开衫的后片。

0122

搭配指数：★★★★
适合群体：女孩与男孩

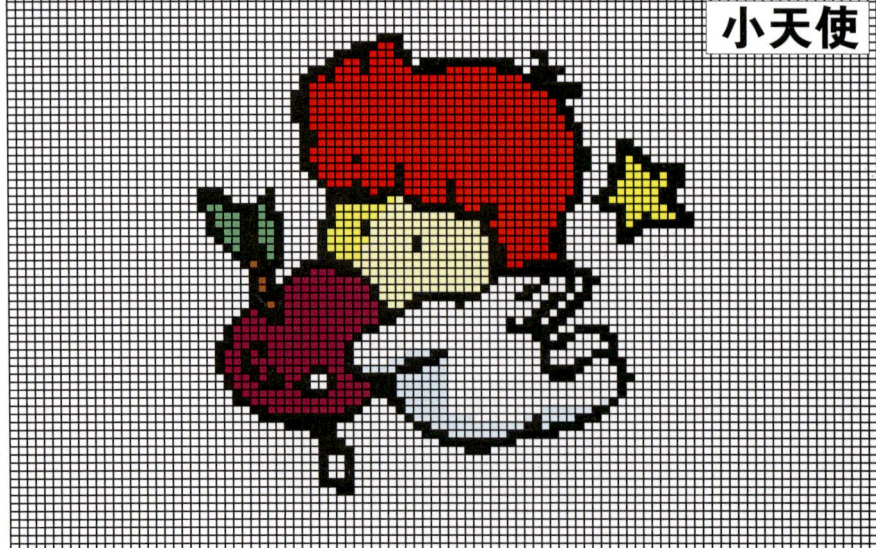

小天使

每格编织2针2行，适合用双股棉线或腈纶混纺线，图案位置居中，适合编织女孩毛衣套衫、背心的前片、后片或开衫的后片。

0123

搭配指数：★★★★
适合群体：男孩

0124
搭配指数：★★★
适合群体：女孩

0125
搭配指数：★★★
适合群体：男孩

0126
搭配指数：★★★★★
适合群体：男孩

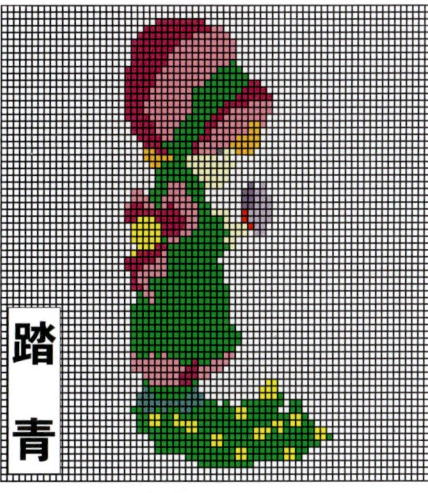

踏青

每格编织1针1行，适合用腈纶混纺线或开司米线，图案位置居中，适合编织女孩毛衣套衫的前片、后片或开衫的后片。

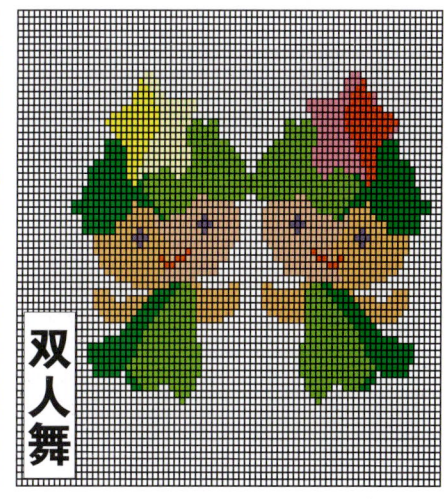

双人舞

每格编织1针1行，适合用羊毛混纺线或全毛绒线，图案位置居中，适合编织女孩毛衣套衫的前片、后片或开衫的后片。

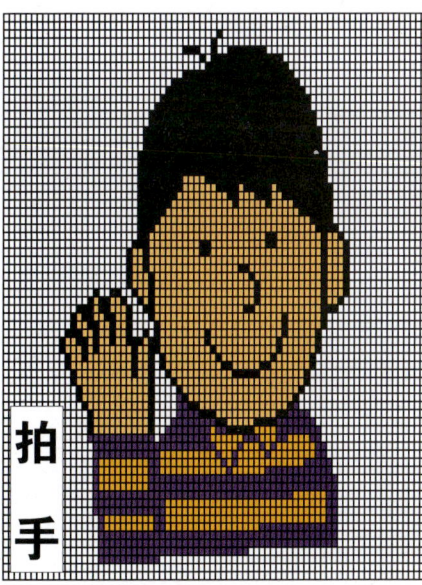

拍手

每格编织1针1行，适合用开司米绒线或全毛绒线，图案位置居中，适合编织男孩毛衣套衫的前片、后片或开衫的后片。

舞剑

每格编织1针1行，适合用开司米绒线或全毛绒线，图案位置居中，适合编织男孩毛衣套衫的前片、后片或开衫的后片。

锻炼

每格编织1针1行，适合用单股棉线或两股纯棉纱线，图案位置居中，适合编织女孩毛衣套衫、背心的前片、后片或开衫的后片。

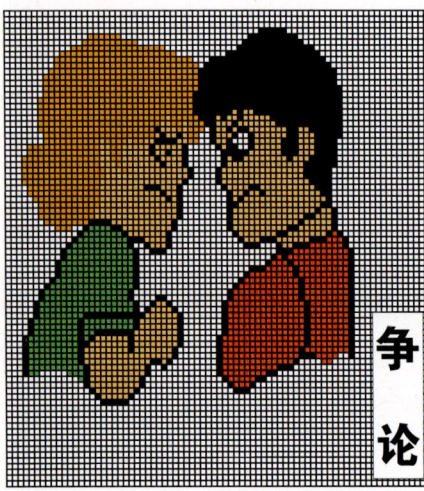
争论

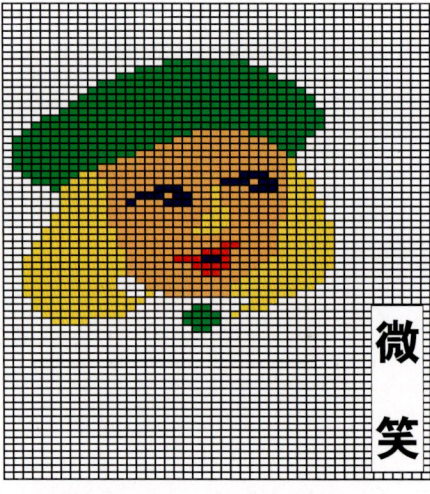
微笑

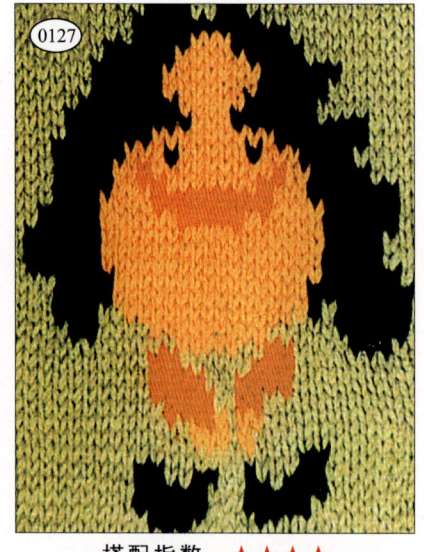
0127

每格编织1针1行，适合用开司米绒线或全毛绒线，图案位置居中，适合编织男孩毛衣套衫的前片、后片或开衫的后片。

每格编织1针1行，适合用腈纶混纺线或仿羊毛线，图案位置居中，适合编织儿童毛衣套衫的前片、后片或开衫的后片。

搭配指数：★★★★
适合群体：女孩与男孩

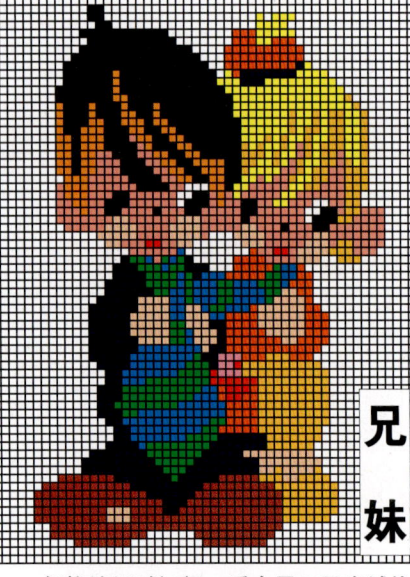
兄妹

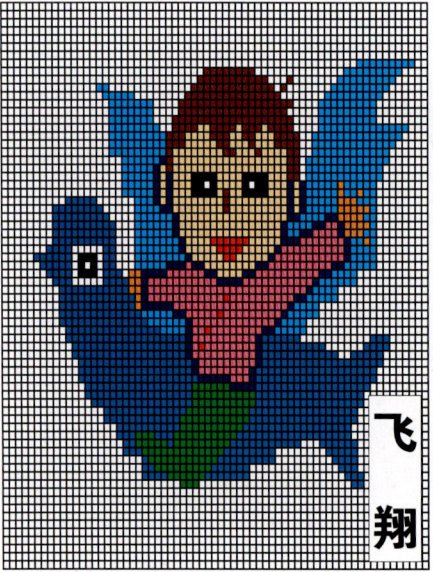
飞翔

0128

每格编织1针1行，适合用开司米绒线或全毛绒线，图案位置居中，适合编织儿童毛衣套衫的前片、后片或开衫的后片。

每格编织1针1行，适合用羊毛混纺线或全毛绒线，图案位置居中，适合编织男孩毛衣套衫的前片、后片或开衫的后片。

搭配指数：★★★
适合群体：男孩

打伞

0129

每格编织2针2行，适合用羊毛混纺线或全毛绒线，图案位置居中，适合编织女孩毛衣套衫、背心的前片、后片或开衫的后片。

搭配指数：★★★★
适合群体：女孩与男孩

搭配指数：★★★★
适合群体：男孩

搭配指数：★★★★★
适合群体：女孩与男孩

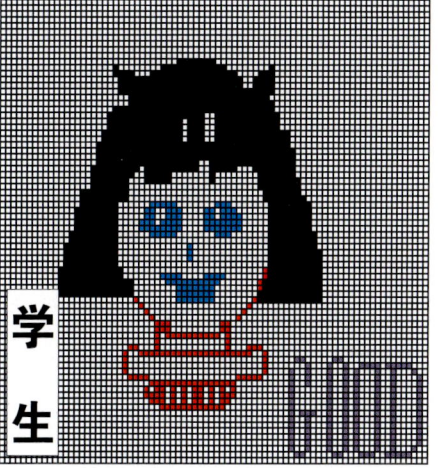

学生

每格编织1针1行，适合用仿羊毛绒线或全毛绒线，图案位置居中，适合编织儿童毛衣套衫的前片、后片或开衫的后片。

女孩

每格编织1针1行，适合用开司米绒线或全毛绒线，图案位置居中，适合编织儿童毛衣套衫的前片、后片或开衫的后片。

小学生

每格编织1针1行，适合用单股细棉线或全毛绒毛线，图案位置居中，适合编织儿童毛衣套衫的前片、后片或开衫的后片。

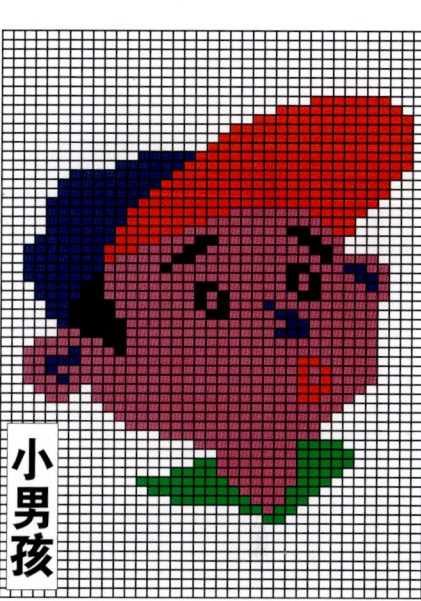

小男孩

每格编织1针1行，适合用双股棉绒线或全毛绒线，图案位置居中，适合编织儿童毛衣套衫的前片、后片或开衫的后片。

搭配指数：★★★
适合群体：男孩

草帽女

每格编织2针2行，适合用开司米线或全毛细绒线，图案位置居中，适合编织女孩毛衣套衫、背心的前片、后片或开衫的后片。

大眼睛

每格编织1针1行，适合用单股细棉线或全毛绒线，图案位置居中，适合编织儿童毛衣套衫的前片、后片或开衫的后片。

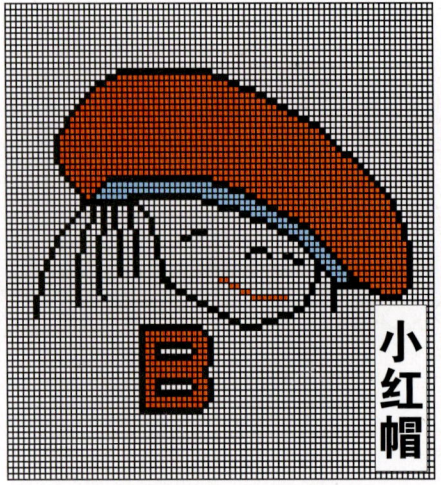

小红帽

每格编织1针1行，适合用仿羊毛绒线或全毛绒线，图案位置居中，适合编织儿童毛衣套衫的前片、后片或开衫的后片。

0133

搭配指数：★★★★★
适合群体：男孩

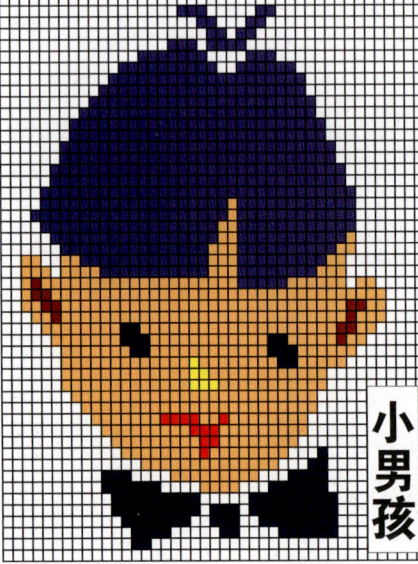

小男孩

每格编织2针2行，适合用细绒绳线或单股棉线，图案位置居中，适合编织儿童毛衣套衫、背心的前片、后片或开衫的后片。

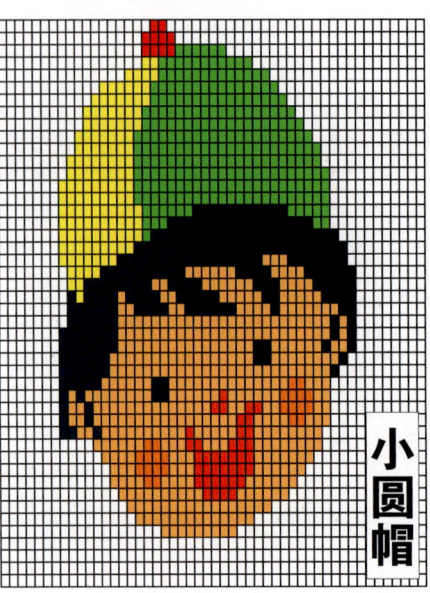

小圆帽

每格编织1针1行，适合用两股细棉线或全毛绒线，图案位置居中，适合编织儿童毛衣套衫的前片、后片或开衫的后片。

0134

搭配指数：★★★★★
适合群体：女孩与男孩

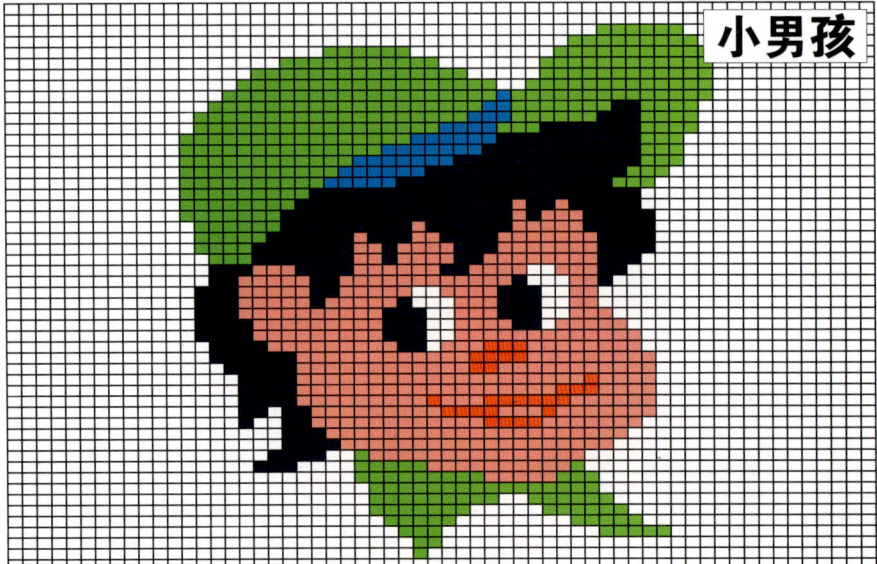

小男孩

每格编织2针2行，适合用全毛细绒线或两股极细羊毛线，图案位置居中，适合编织儿童毛衣套衫、背心的前片、后片或开衫的后片。

0135

搭配指数：★★★
适合群体：男孩

搭配指数：★★★★★
适合群体：女孩

搭配指数：★★★★
适合群体：男孩

搭配指数：★★★★★
适合群体：男孩

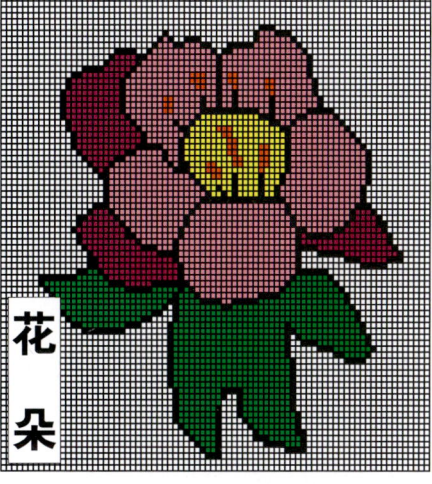

花朵

每格编织1针1行，适合用多股纯棉纱线或两三股开司米线，图案位置居中，适合编织儿童毛衣套衫的前片、后片。

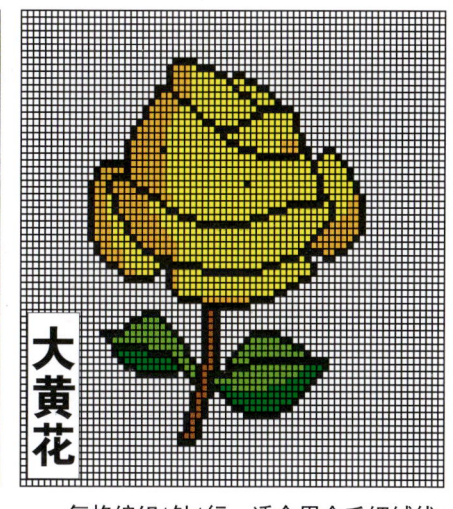

大黄花

每格编织1针1行，适合用全毛细绒线或两股极细羊毛线，图案位置居中，适合编织儿童毛衣套衫的前片、后片。

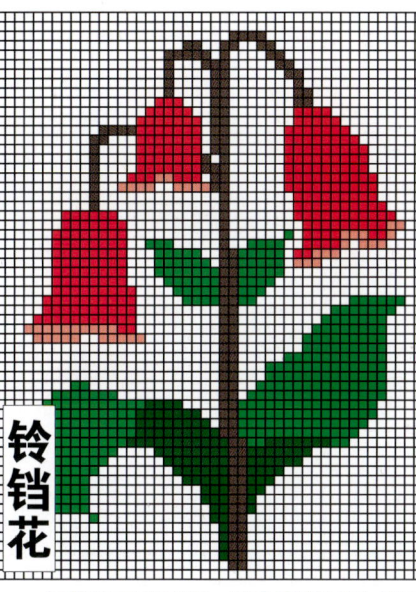

铃铛花

每格编织1针1行，适合用粗绒线或细绒线，图案位置居中，适合编织儿童毛衣套衫的前片、后片或开衫的后片。

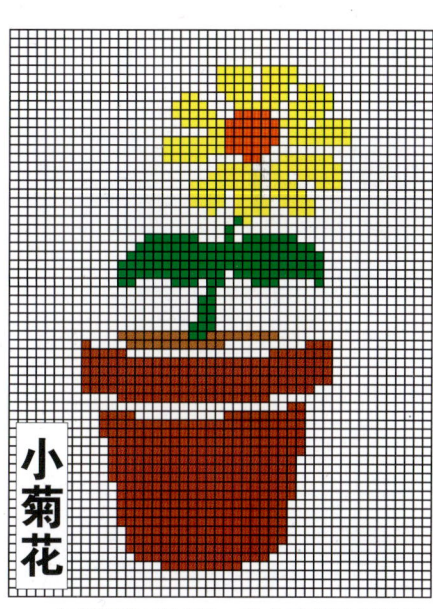

小菊花

每格编织1针1行，适合用腈纶混纺线或开司米线，图案位置居中，适合编织儿童毛衣套衫的前片、后片或开衫的后片。

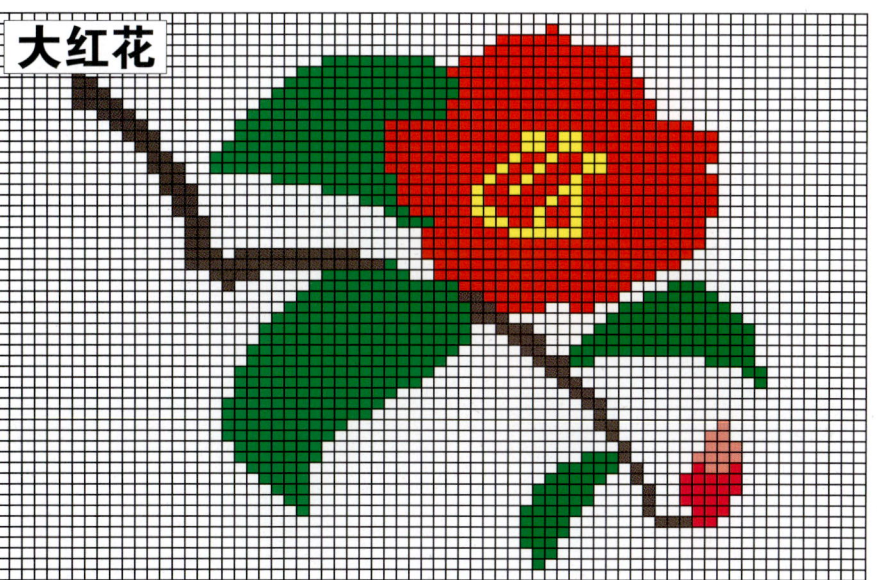

大红花

每格编织2针2行，适合用单股棉线或腈纶混纺线，图案位置居中，适合编织儿童毛衣套衫、背心的前片、后片或开衫的后片。

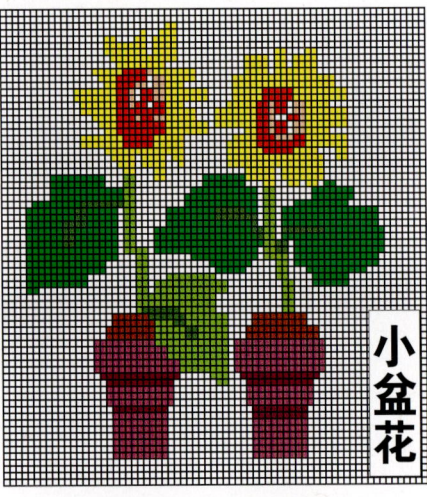

小盆花

小花朵

每格编织1针1行,适合用全毛细绒线或两股极细羊毛线,图案位置居中,适合编织儿童毛衣套衫的前片、后片。

每格编织1针1行,适合用多股纯棉纱线或二三股开司米线,图案位置居中,适合编织儿童毛衣套衫的前片、后片。

(0139)

搭配指数:★★★★
适合群体:男孩

花朵

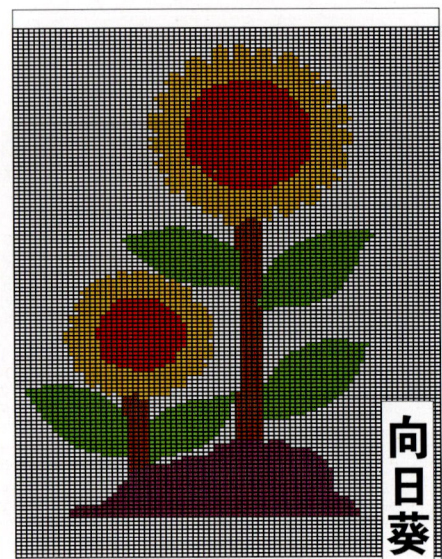

向日葵

每格编织1针1行,适合用腈纶混纺线或全毛绒线,图案位置居中,适合编织儿童毛衣套衫的前片、后片或开衫的后片。

每格编织2针2行,适合用全毛细绒线或多股纯棉纱线,图案位置居中,适合编织儿童毛衣套衫、背心的前片、后片或开衫的后片。

(0140)

搭配指数:★★★★★
适合群体:女孩

小 树

每格编织2针2行,适合用两股棉线或腈纶混纺线,图案位置居中,适合编织儿童毛衣套衫、背心的前片、后片或开衫的后片。

(0141)

搭配指数:★★★★★
适合群体:女孩与男孩

0142

搭配指数：★★★★
适合群体：男孩

0143

搭配指数：★★★★
适合群体：女孩

0144

搭配指数：★★★★
适合群体：男孩

小树

每格编织1针1行，适合用双股棉线或腈纶混纺线，图案位置居中，适合编织儿童毛衣套衫的前片、后片或开衫的后片。

小花朵

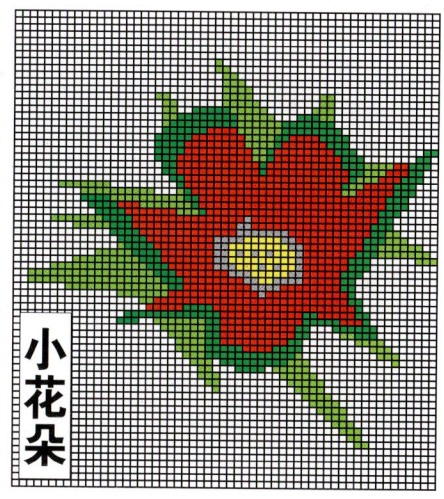

每格编织1针1行，适合用腈纶混纺线或全毛绒线，图案位置居中，适合编织儿童毛衣套衫的前片、后片或开衫的后片。

小花

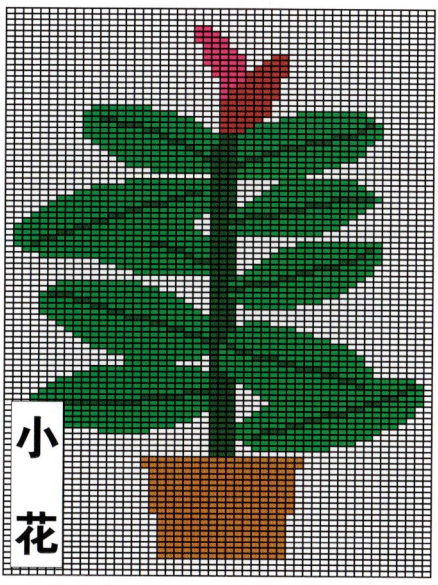

每格编织1针1行，适合用粗绒线或细绒线，图案位置居中，适合编织儿童毛衣套衫的前片、后片或开衫的后片。

椰子树

每格编织1针1行，适合用双股棉线或腈纶混纺线，图案位置居中，适合编织儿童毛衣套衫的前片、后片或开衫的后片。

小红花

每格编织1针1行，适合用多股纯棉纱线或两三股开司米线，图案位置居中，适合编织儿童毛衣套衫的前片、后片。

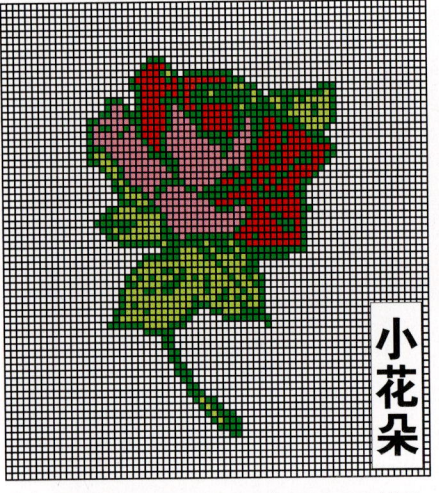

小花朵

每格编织1针1行，适合用开司米绒线或全毛绒线，图案位置居中，适合编织儿童毛衣套衫的前片、后片或开衫的后片。

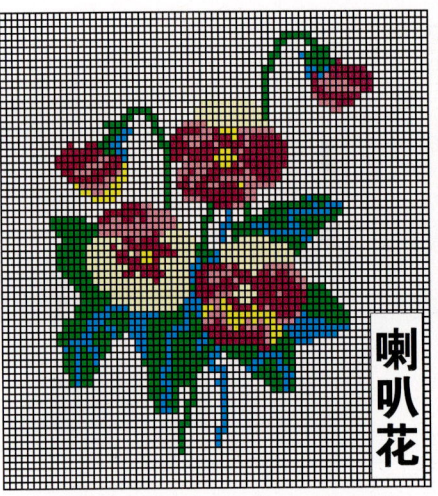

喇叭花

每格编织1针1行，适合用腈纶混纺线或全毛绒线，图案位置居中，适合编织儿童毛衣套衫的前片、后片或开衫的后片。

0145

搭配指数：★★★★
适合群体：女孩

花朵

每格编织1针1行，适合用羊毛混纺线或全毛绒线，图案位置居中，适合编织儿童毛衣套衫的前片、后片或开衫的后片。

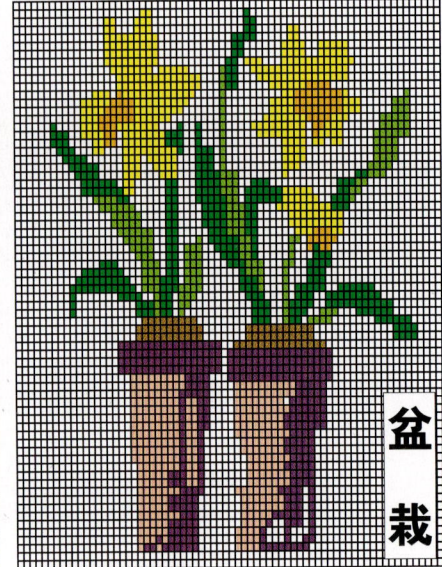

盆栽

每格编织1针1行，适合用开司米绒线或全毛绒线，图案位置居中，适合编织儿童毛衣套衫的前片、后片或开衫的后片。

0146

搭配指数：★★★★
适合群体：女孩与男孩

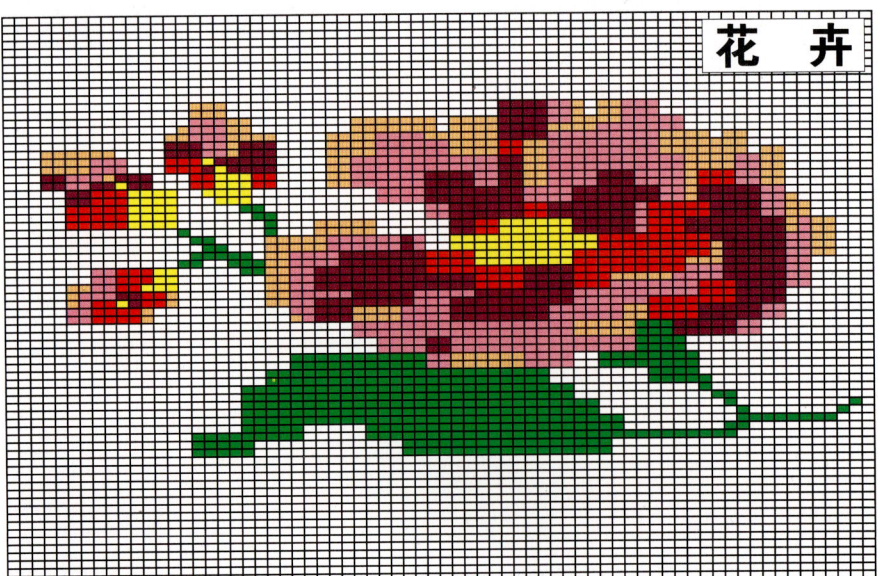

花卉

每格编织1针1行，适合用全毛细绒线或两股极细羊毛线，图案位置居中，适合编织儿童毛衣套衫的前片、后片。

0147

搭配指数：★★★★
适合群体：男孩

搭配指数：★★★★★
适合群体：男孩

搭配指数：★★★★
适合群体：男孩

搭配指数：★★★★
适合群体：男孩

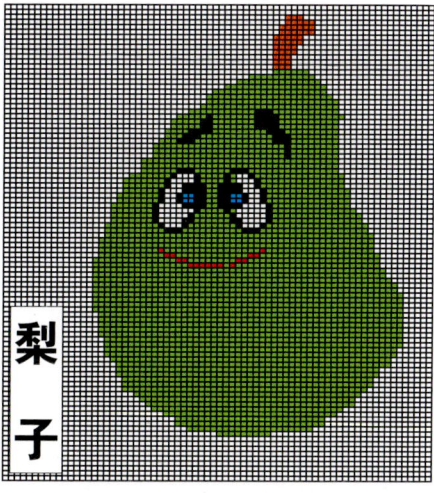

梨子

每格编织1针1行，适合用羊毛混纺线或全毛绒线，图案位置居中，适合编织儿童毛衣套衫的前片、后片或开衫的后片。

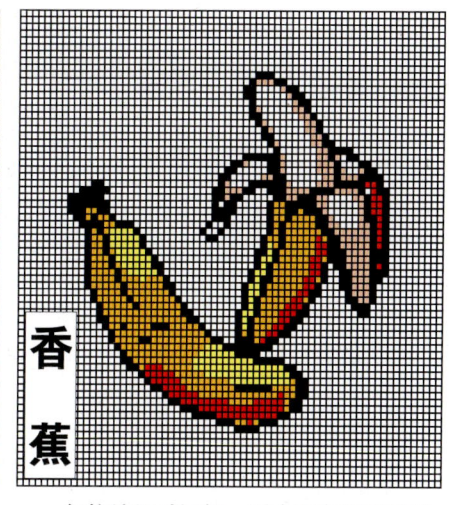

香蕉

每格编织1针1行，适合用多股纯棉纱线或两三股开司米线，图案位置居中，适合编织儿童毛衣套衫的前片、后片。

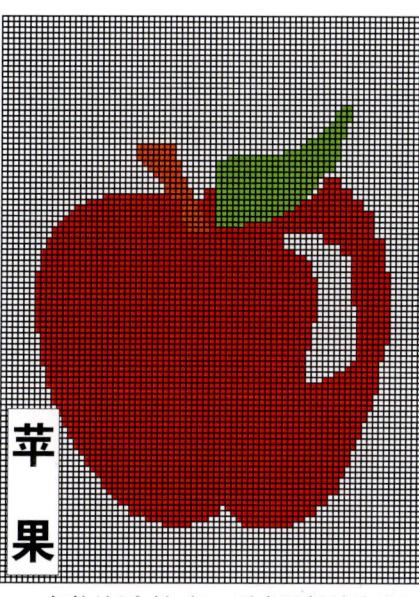

苹果

每格编织1针1行，适合用粗绒线或细绒线，图案位置居中，适合编织儿童毛衣套衫的前片、后片或开衫的后片。

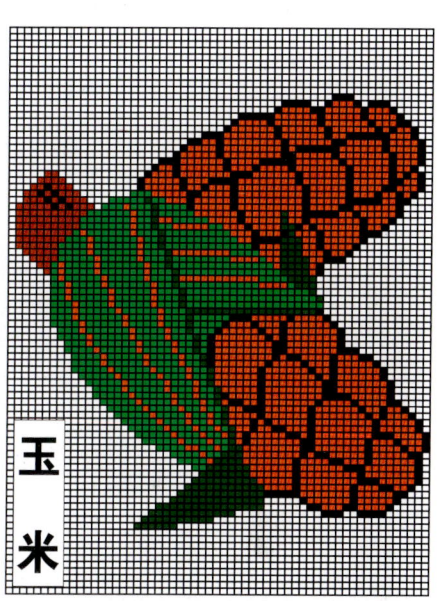

玉米

每格编织1针1行，适合用开司米绒线或腈纶混纺线，图案位置居中，适合编织儿童毛衣套衫的前片、后片或开衫的后片。

红杏

每格编织2针2行，适合用两股马海毛线或两三股开司米线，图案位置居中，适合编织儿童毛衣套衫、背心的前片、后片或开衫的后片。

桃子

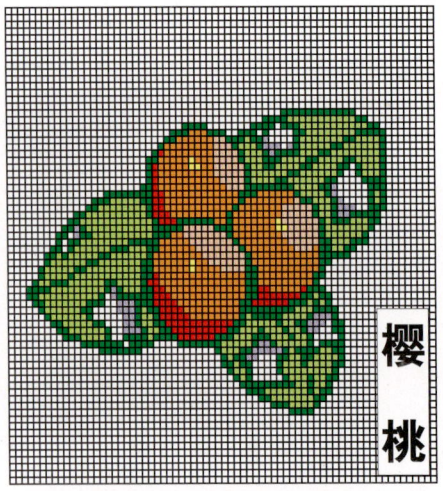

樱桃

每格编织1针1行，适合用开司米绒线或全毛绒线，图案位置居中，适合编织儿童毛衣套衫的前片、后片或开衫的后片。

每格编织1针1行，适合用全毛细绒线或两股极细羊毛线，图案位置居中，适合编织儿童毛衣套衫的前片、后片。

搭配指数：★★★★★
适合群体：小孩子

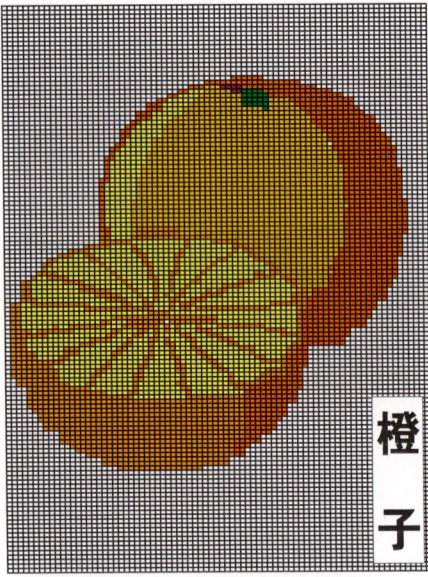

橙子

橘子

每格编织1针1行，适合用腈纶混纺线或全毛绒线，图案位置居中，适合编织儿童毛衣套衫的前片、后片或开衫的后片。

每格编织1针1行，适合用双股棉线或腈纶混纺线，图案位置居中，适合编织儿童毛衣套衫的前片、后片或开衫的后片。

搭配指数：★★★★
适合群体：女孩

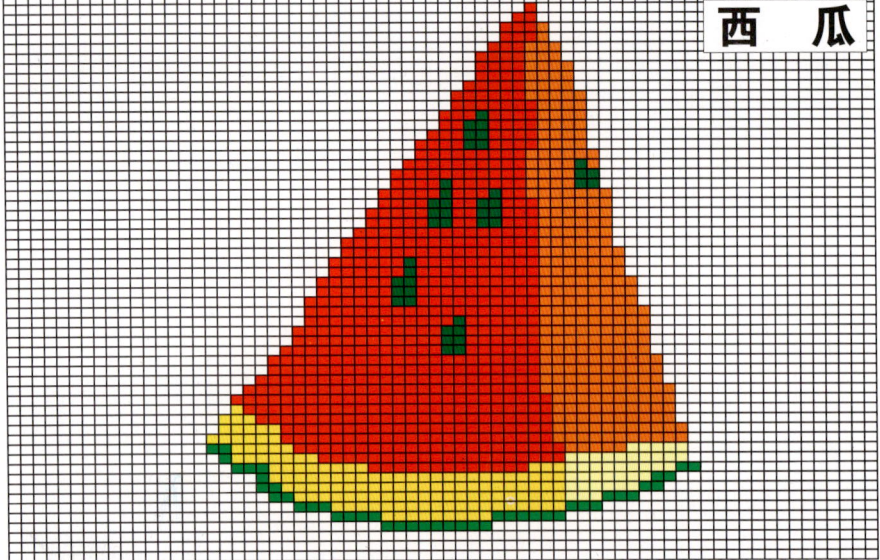

西瓜

每格编织2针2行，适合用全毛细绒线或两股纯棉纱线，图案位置居中，适合编织儿童毛衣套衫、背心的前片、后片或开衫的后片。

搭配指数：★★★★
适合群体：女孩

搭配指数：★★★★
适合群体：女孩

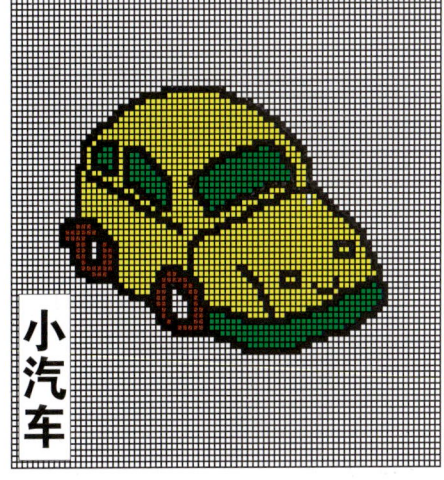

小汽车

每格编织1针1行，适合用腈纶混纺线或全毛绒线，图案位置居中，适合编织儿童毛衣套衫的前片、后片或开衫的后片。

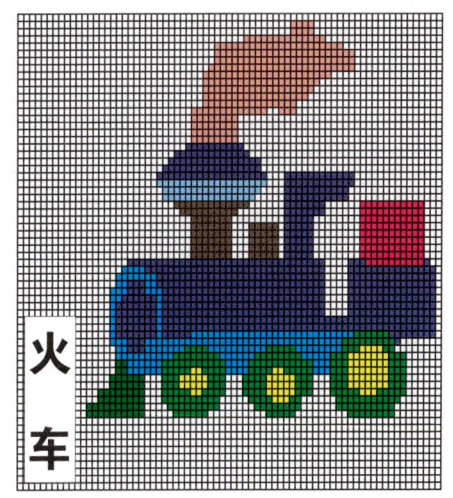

火车

每格编织1针1行，适合用多股纯棉纱线或两三股开司米线，图案位置居中，适合编织儿童毛衣套衫的前片、后片。

搭配指数：★★★★★
适合群体：男孩

玩具车

每格编织1针1行，适合用腈纶混纺线或开司米线，图案位置居中，适合编织儿童毛衣套衫的前片、后片或开衫的后片。

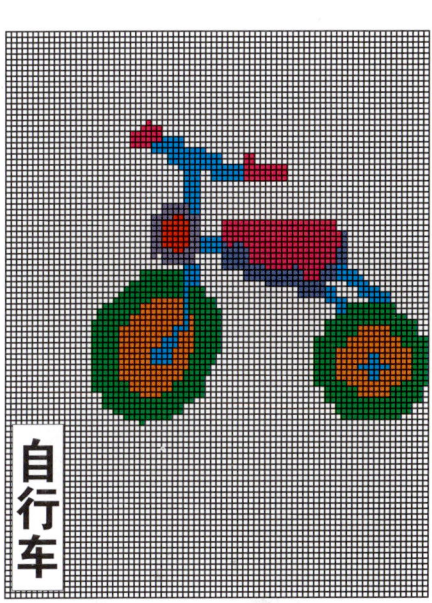

自行车

每格编织1针1行，适合用双股棉线或腈纶混纺线，图案位置居中，适合编织儿童毛衣套衫的前片、后片或开衫的后片。

搭配指数：★★★★
适合群体：男孩

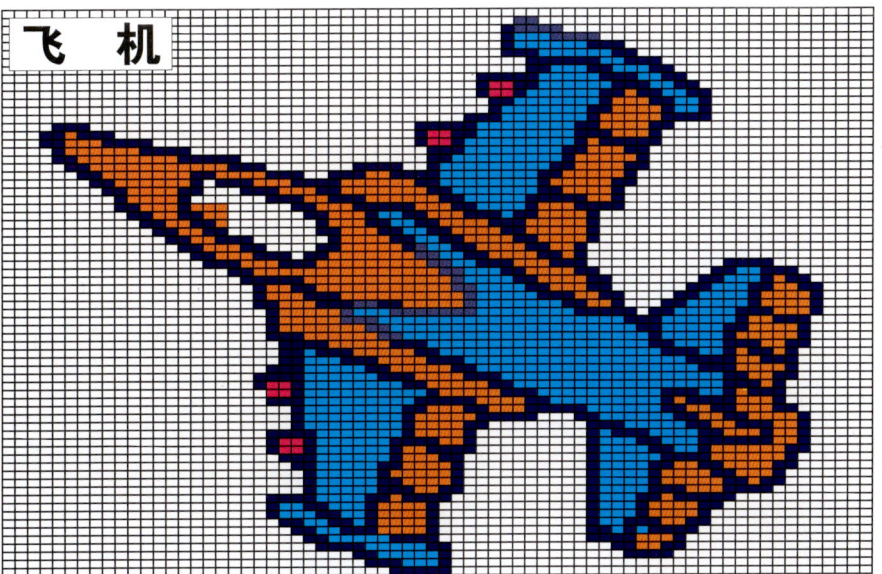

飞机

每格编织2针2行，适合用全毛细绒线或多股纯棉纱线，图案位置居中，适合编织儿童毛衣套衫、背心的前片、后片或开衫的后片。

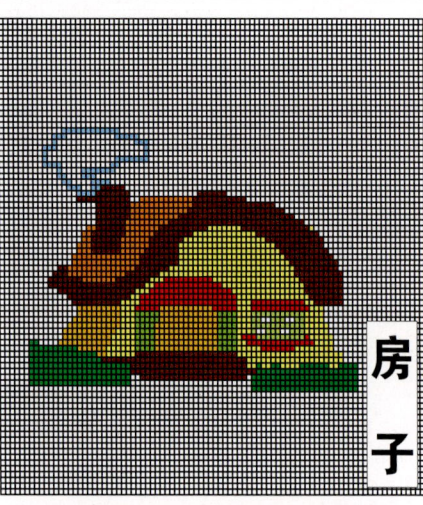
房子

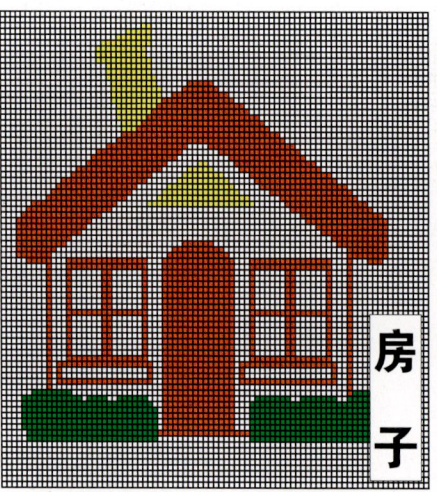
房子

每格编织1针1行,适合用羊毛混纺线或全毛绒线,图案位置居中,适合编织儿童毛衣套衫的前片、后片或开衫的后片。

每格编织1针1行,适合用全毛细绒线或两股极细羊毛线,图案位置居中,适合编织儿童毛衣套衫的前片、后片。

搭配指数:★★★
适合群体:男孩

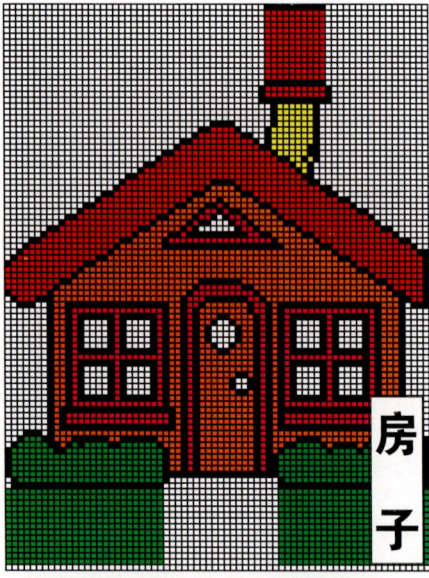
房子

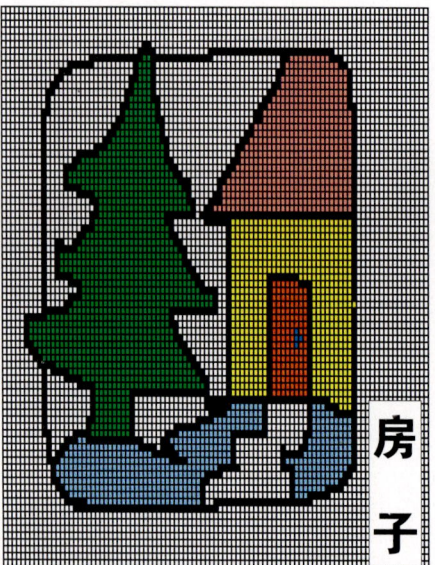
房子

每格编织1针1行,适合用粗绒线或细绒线,图案位置居中,适合编织儿童毛衣套衫的前片、后片或开衫的后片。

每格编织1针1行,适合用开司米绒线或全毛绒线,图案位置居中,适合编织儿童毛衣套衫的前片、后片或开衫的后片。

搭配指数:★★★★★
适合群体:男孩

房子

每格编织2针2行,适合用全毛细绒线或多股纯棉纱线,图案位置居中,适合编织儿童毛衣套衫、背心的前片、后片或开衫的后片。

搭配指数:★★★★★
适合群体:男孩

搭配指数：★★★★
适合群体：男孩

搭配指数：★★★
适合群体：男孩

搭配指数：★★★★
适合群体：女孩

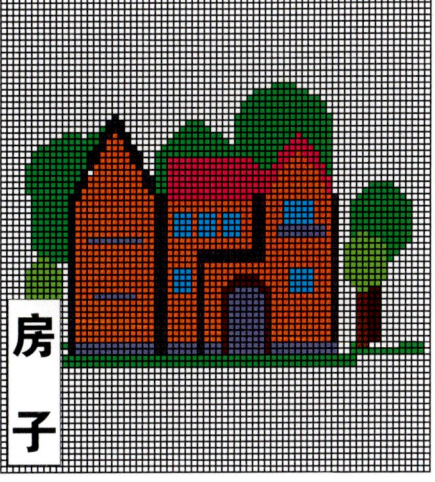

房子

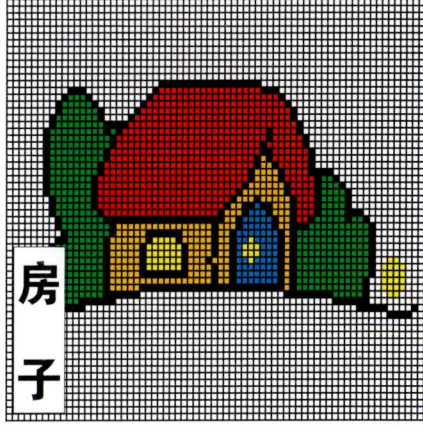

房子

每格编织1针1行，适合用开司米绒线或羊毛混纺线，图案位置居中，适合编织儿童毛衣套衫的前片、后片或开衫的后片。

每格编织1针1行，适合用多股纯棉纱线或两三股开司米线，图案位置居中，适合编织儿童毛衣套衫的前片、后片。

房子

房子

每格编织1针1行，适合用腈纶混纺线或全毛绒线，图案位置居中，适合编织儿童毛衣套衫的前片、后片或开衫的后片。

每格编织1针1行，适合用腈纶混纺线或全毛绒线，图案位置居中，适合编织儿童毛衣套衫的前片、后片或开衫的后片。

房 子

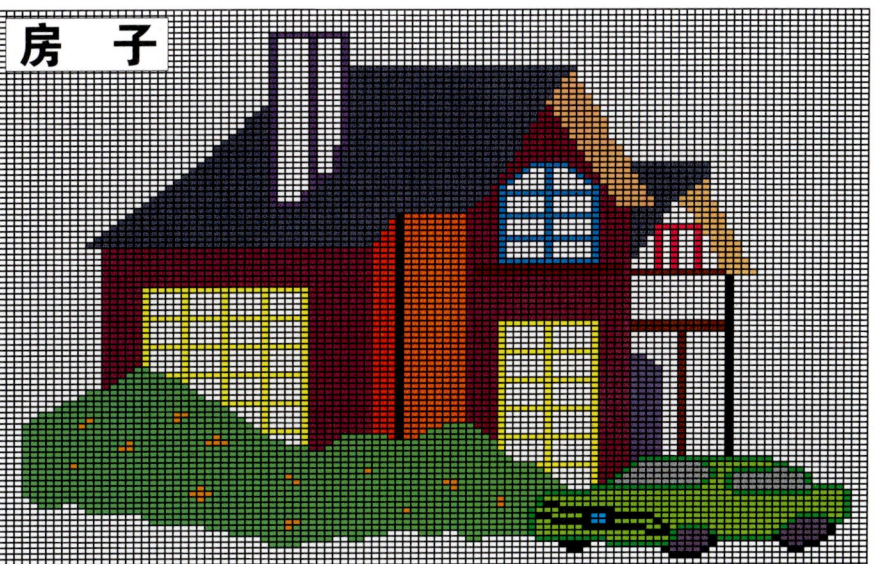

每格编织2针2行，适合用单股棉线或腈纶混纺线，图案位置居中，适合编织儿童毛衣套衫、背心的前片、后片或开衫的后片。

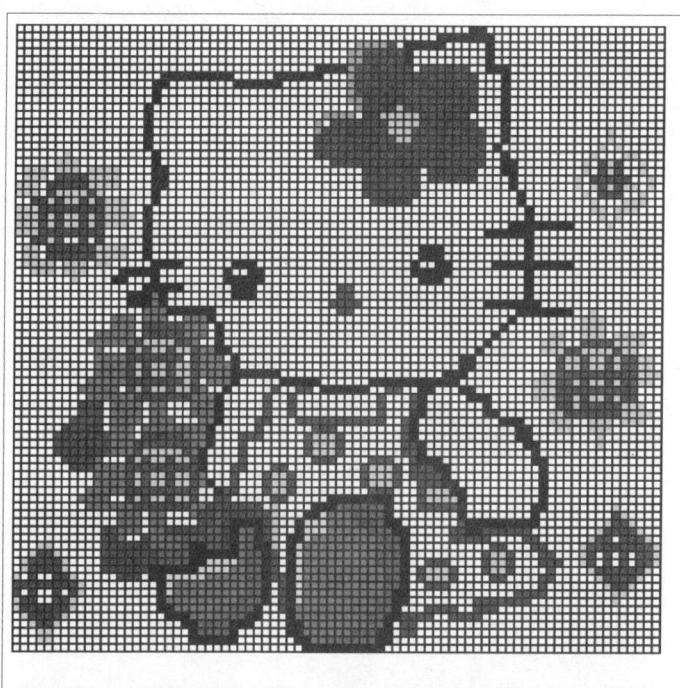

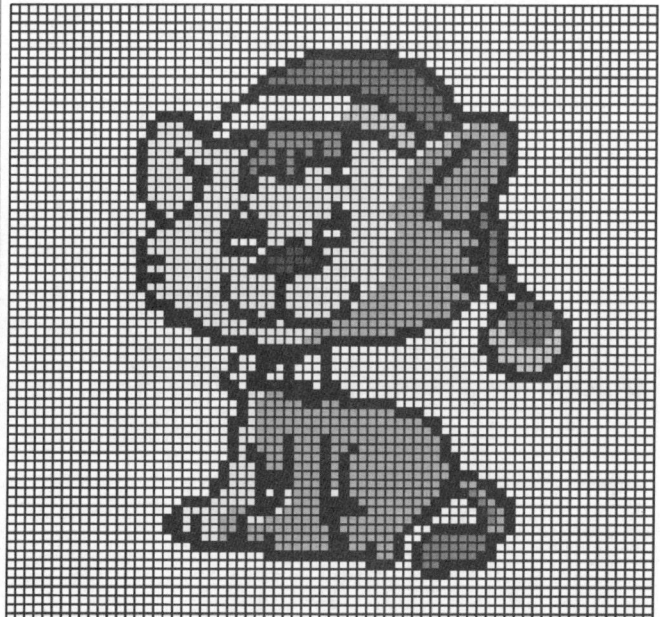

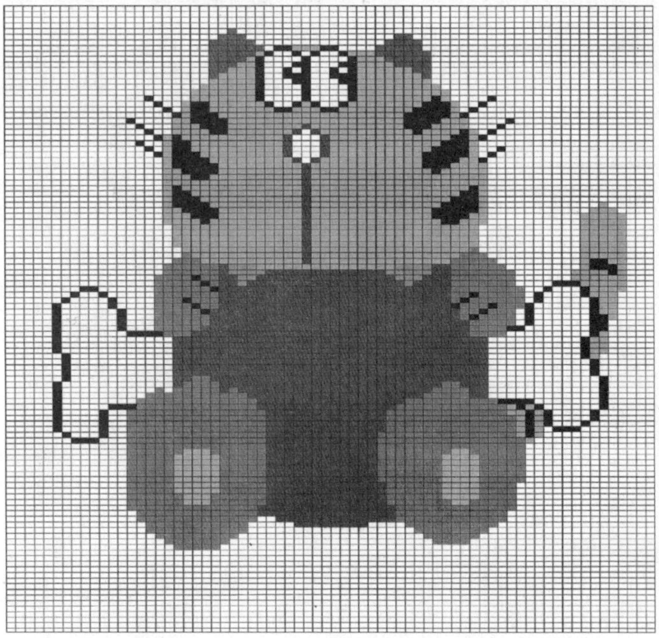

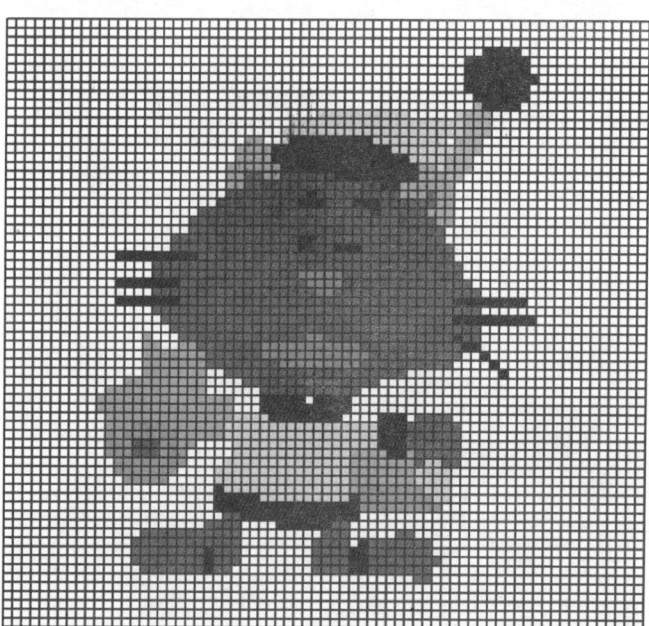

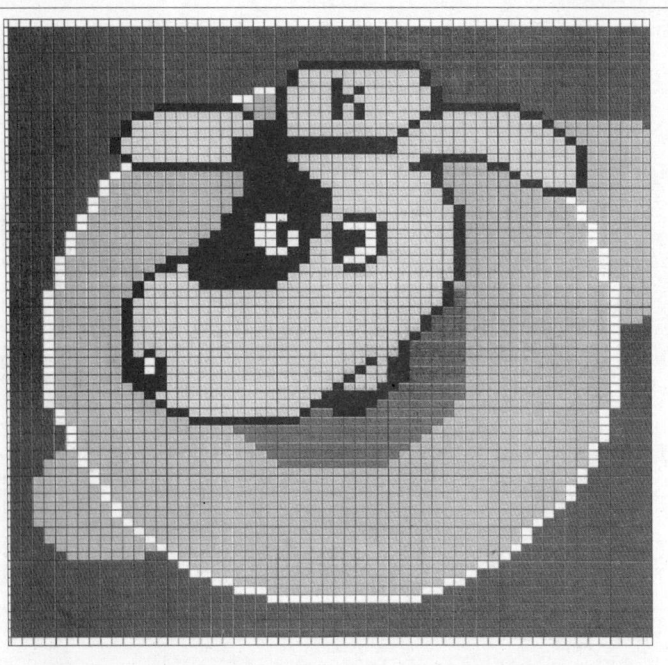

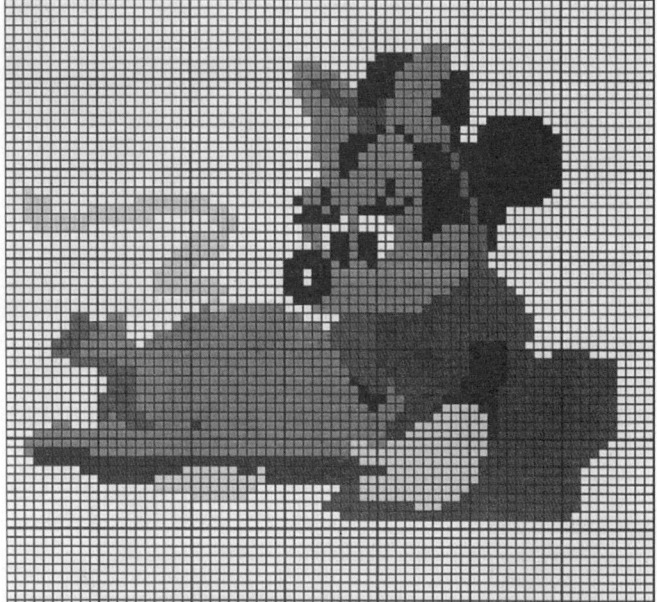

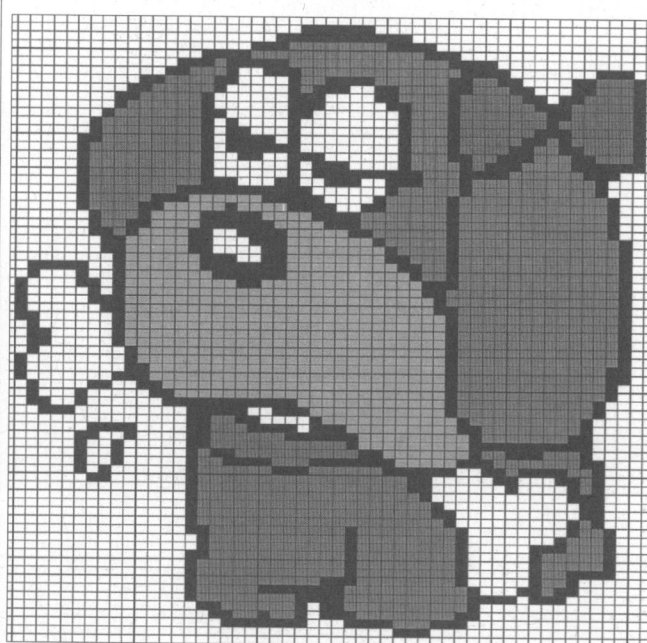

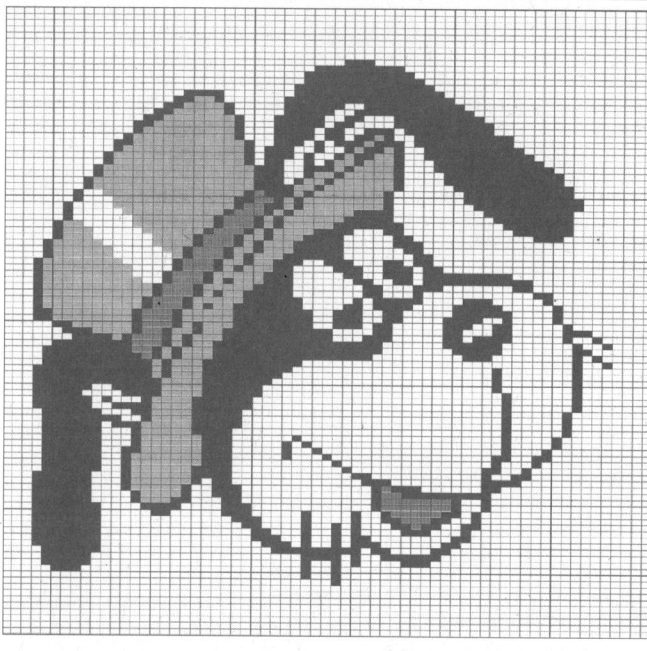

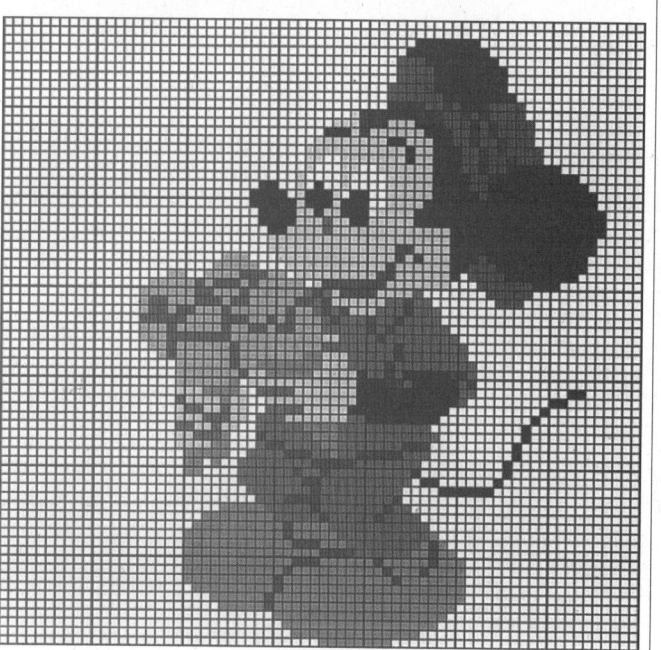

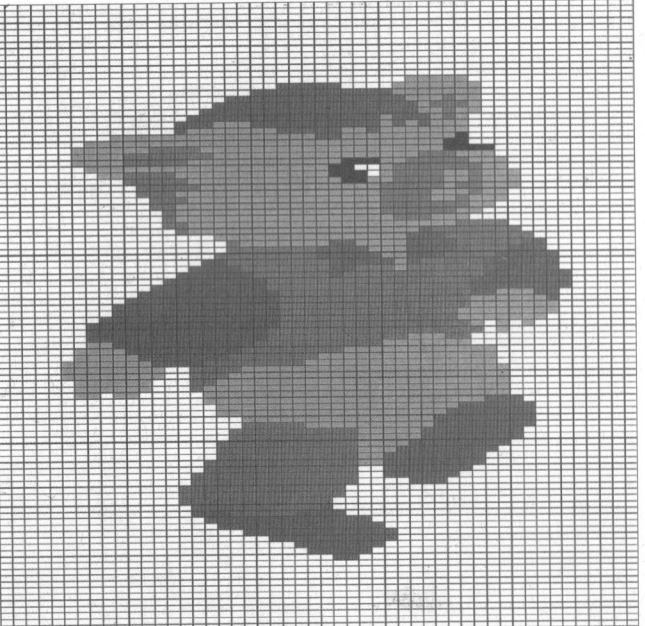
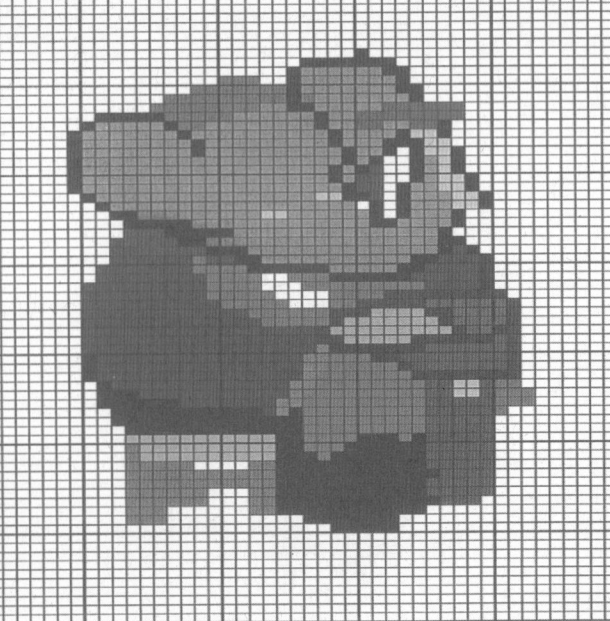

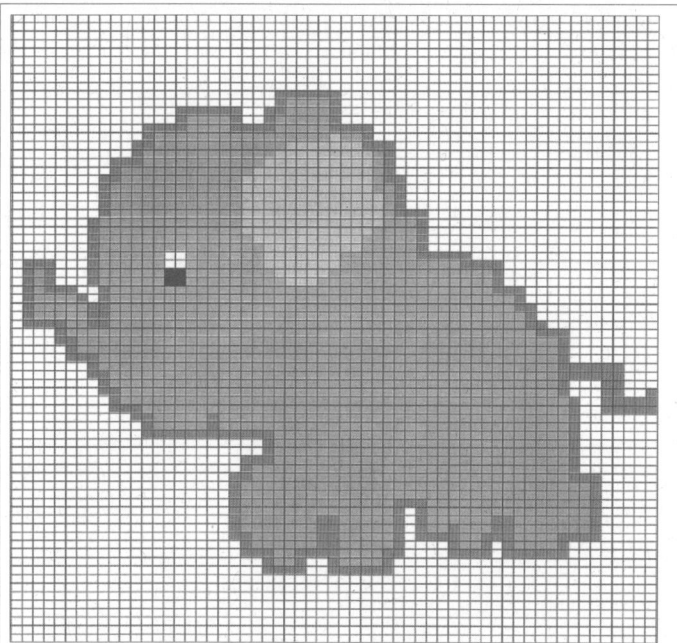

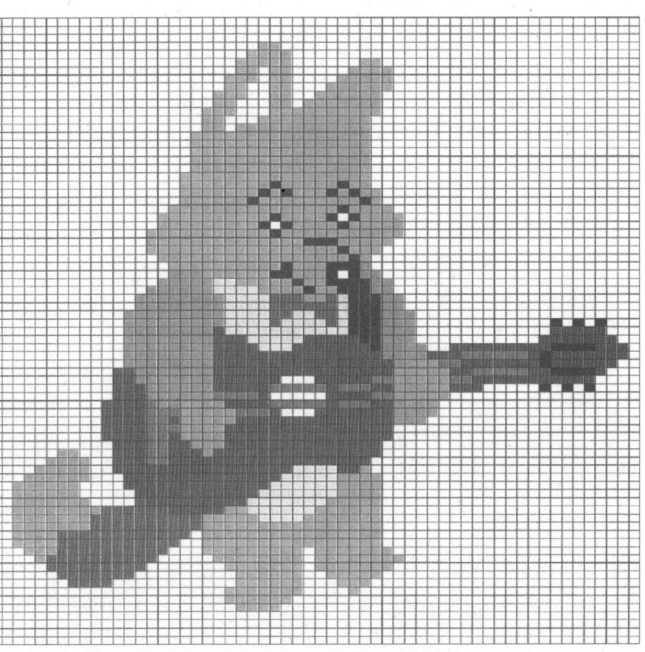

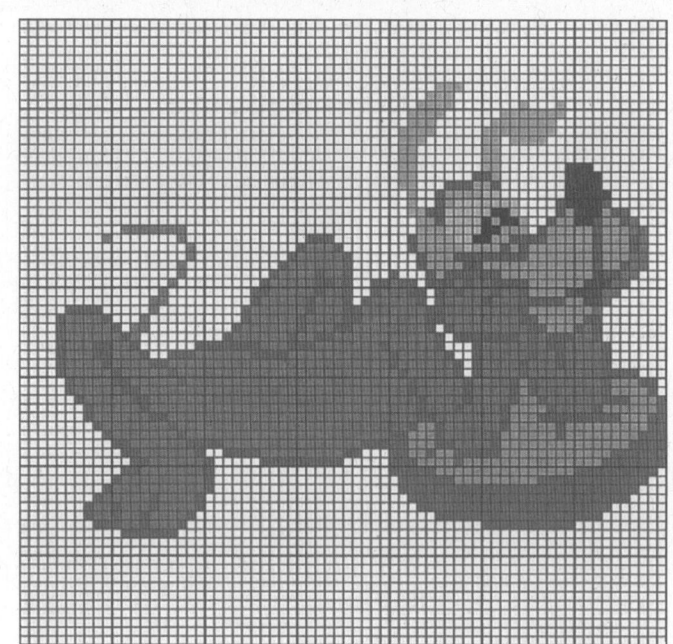
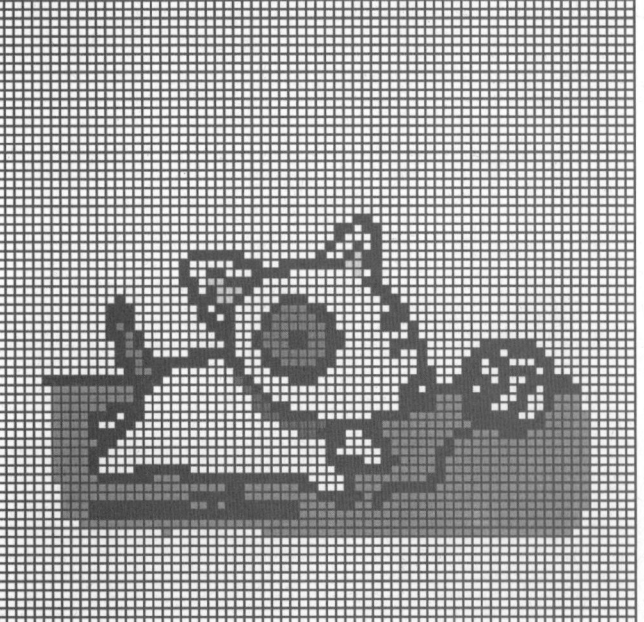

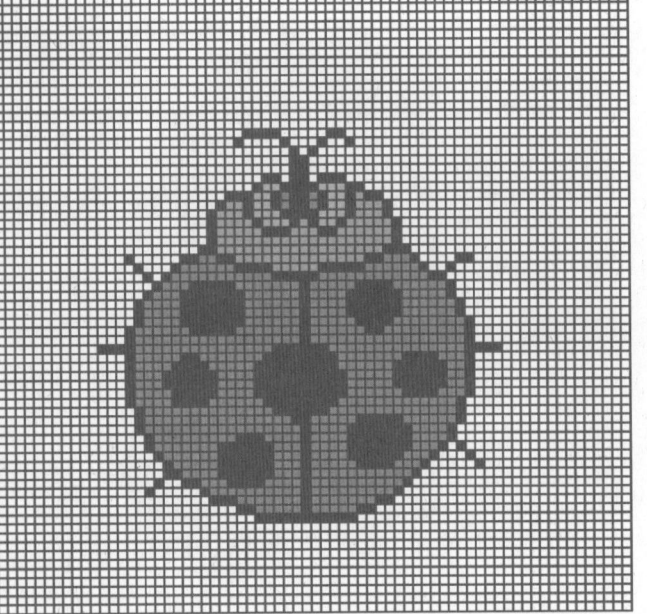

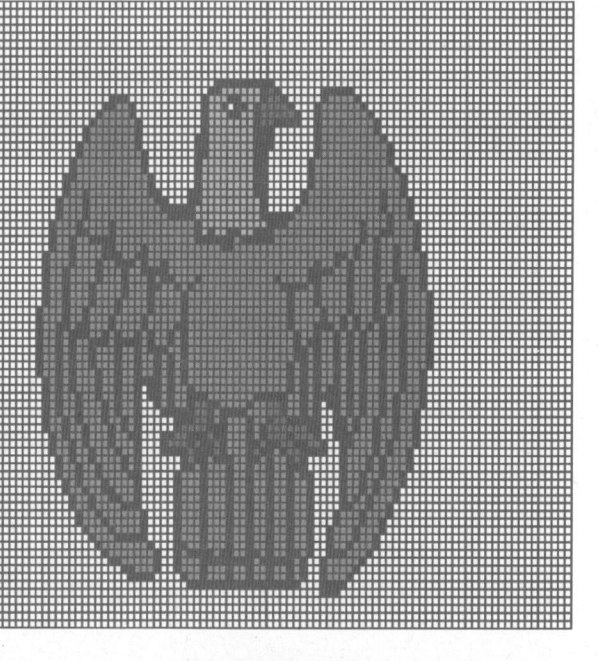

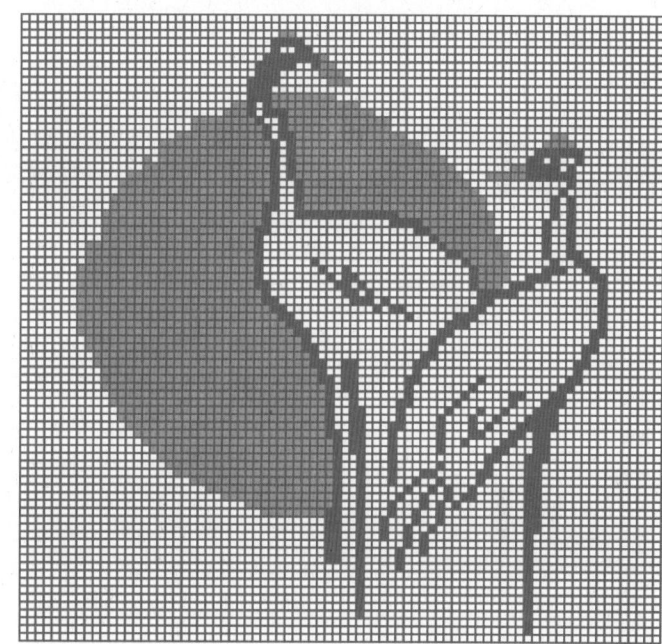

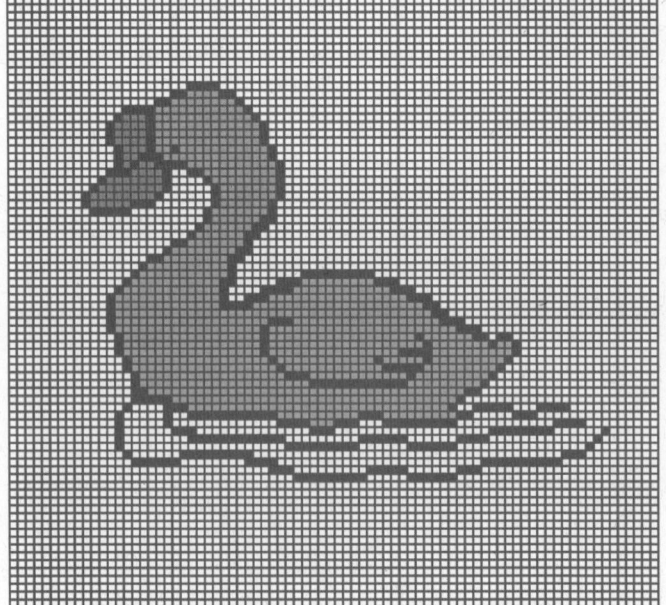
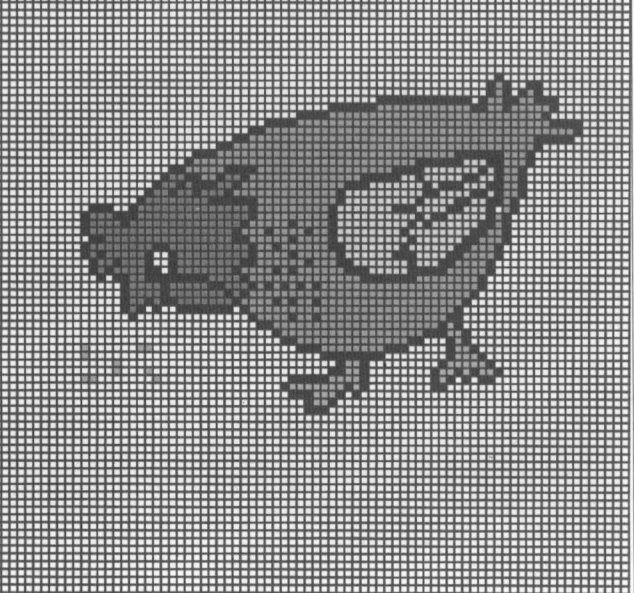

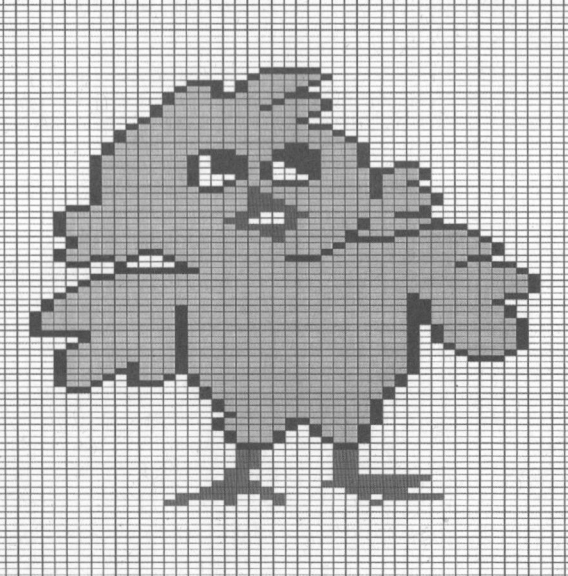

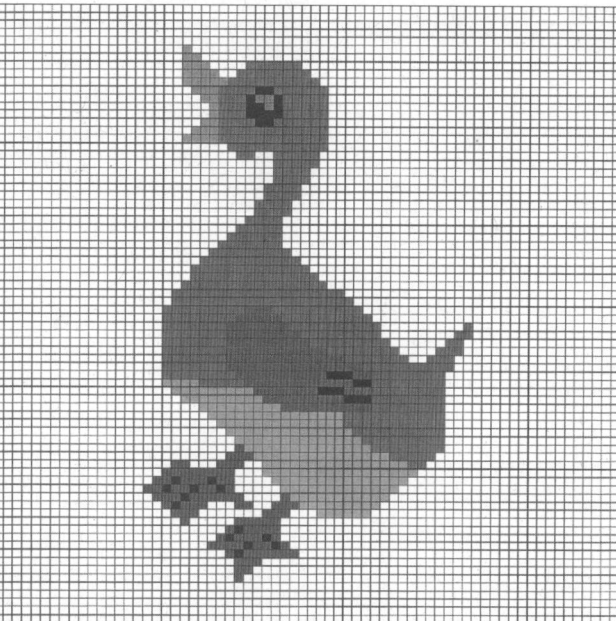

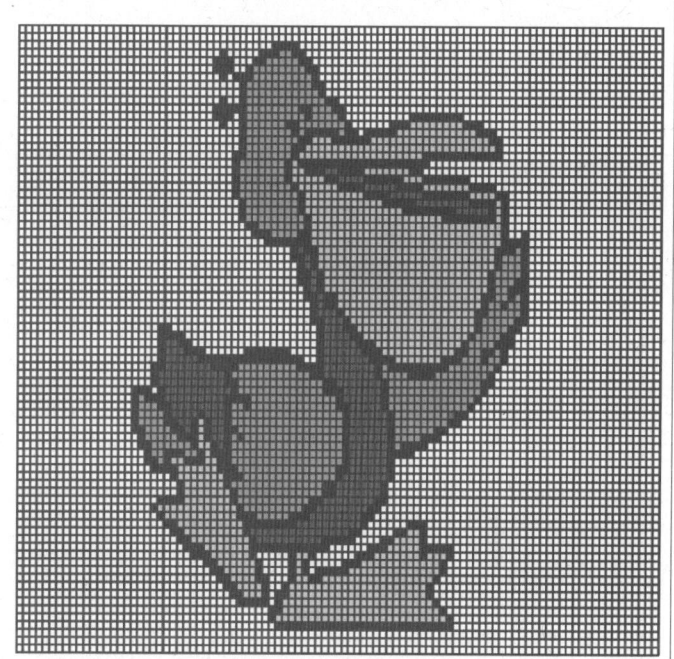

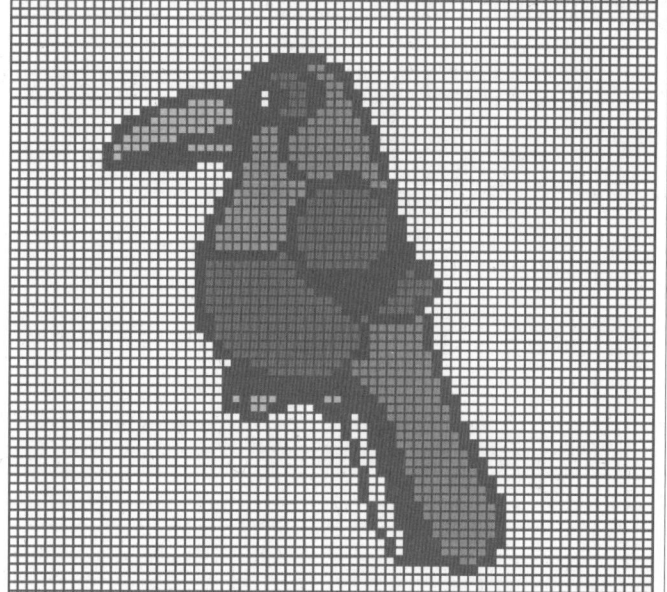

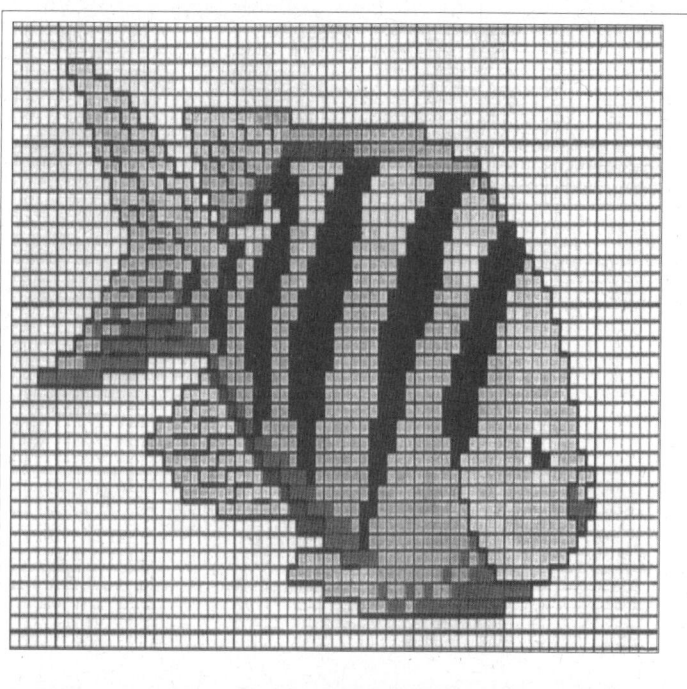
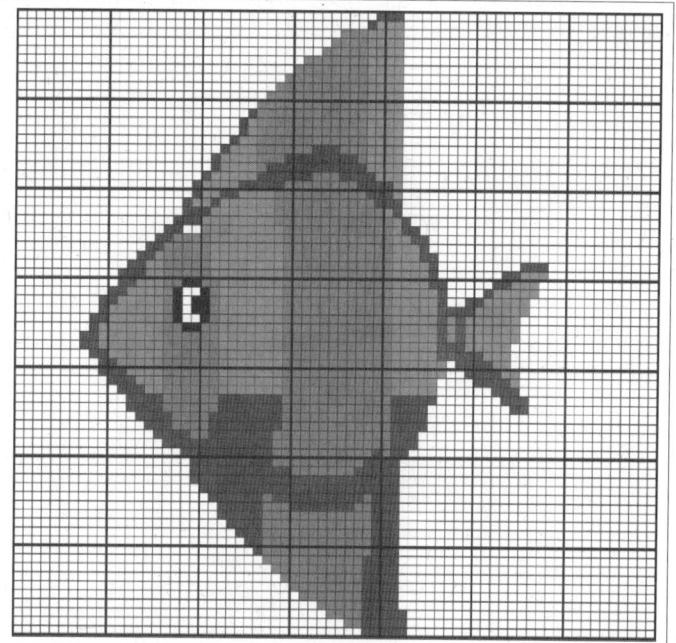

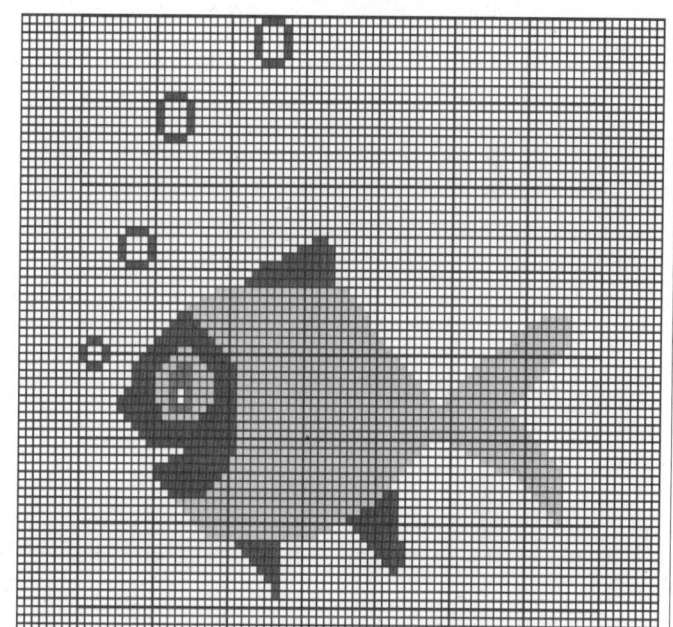

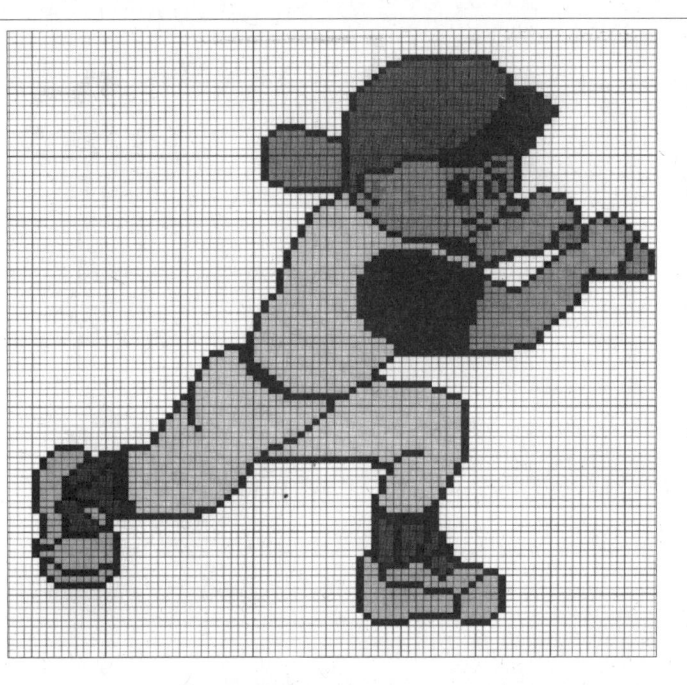

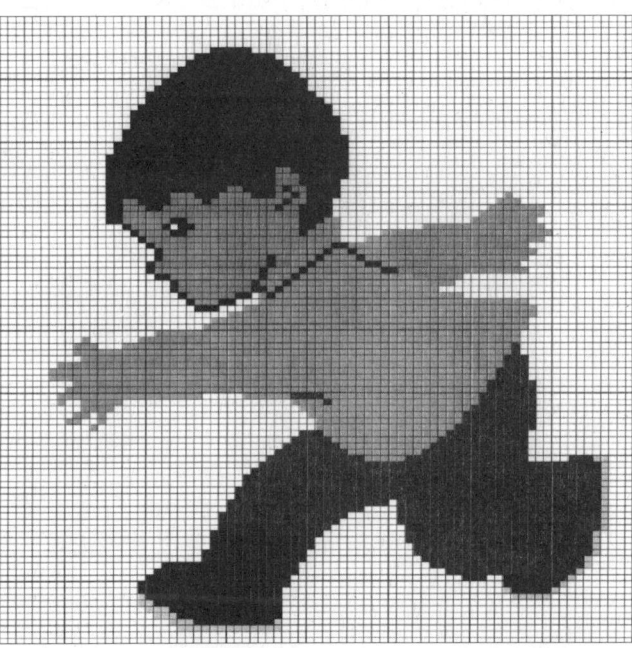

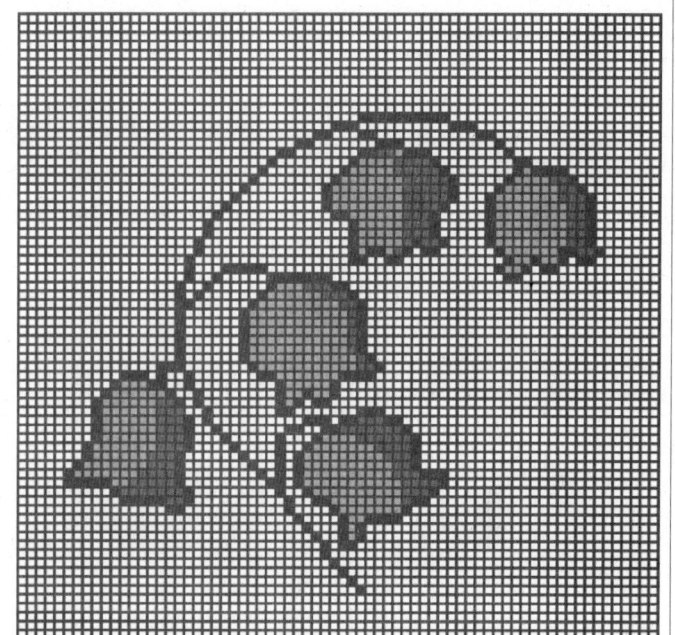

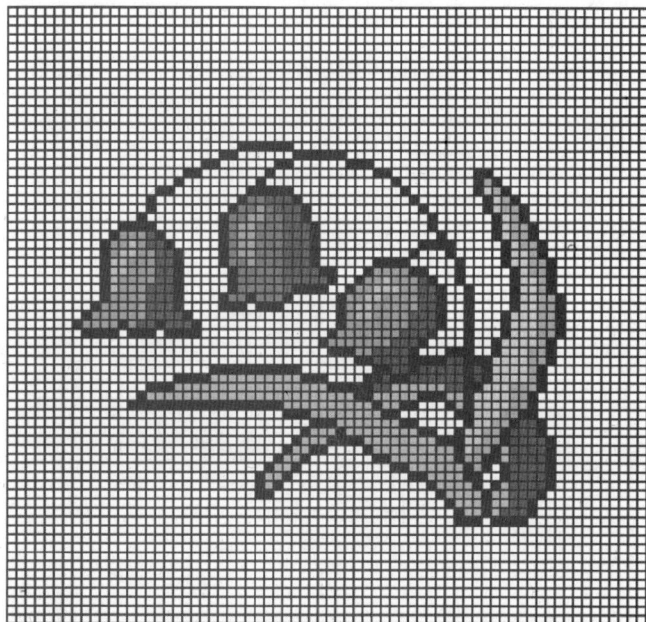

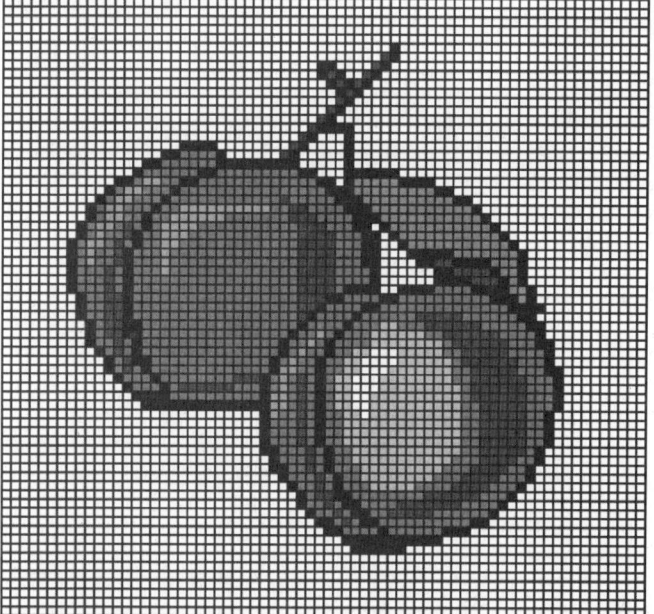
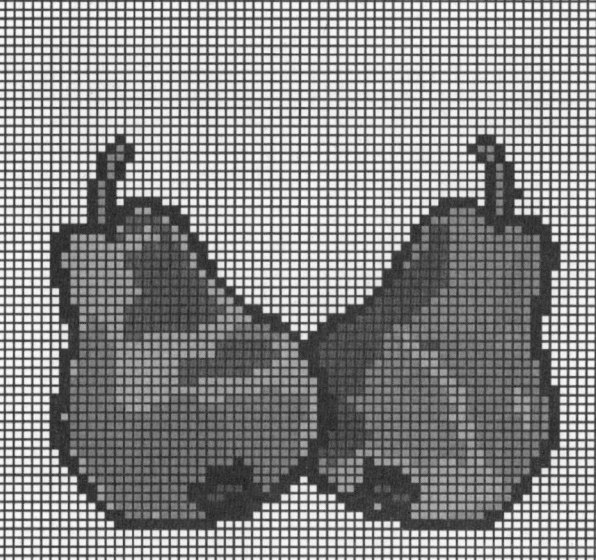

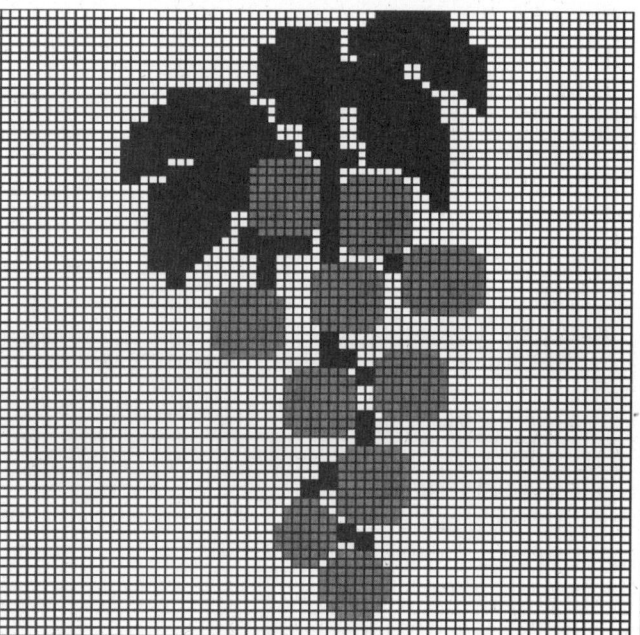

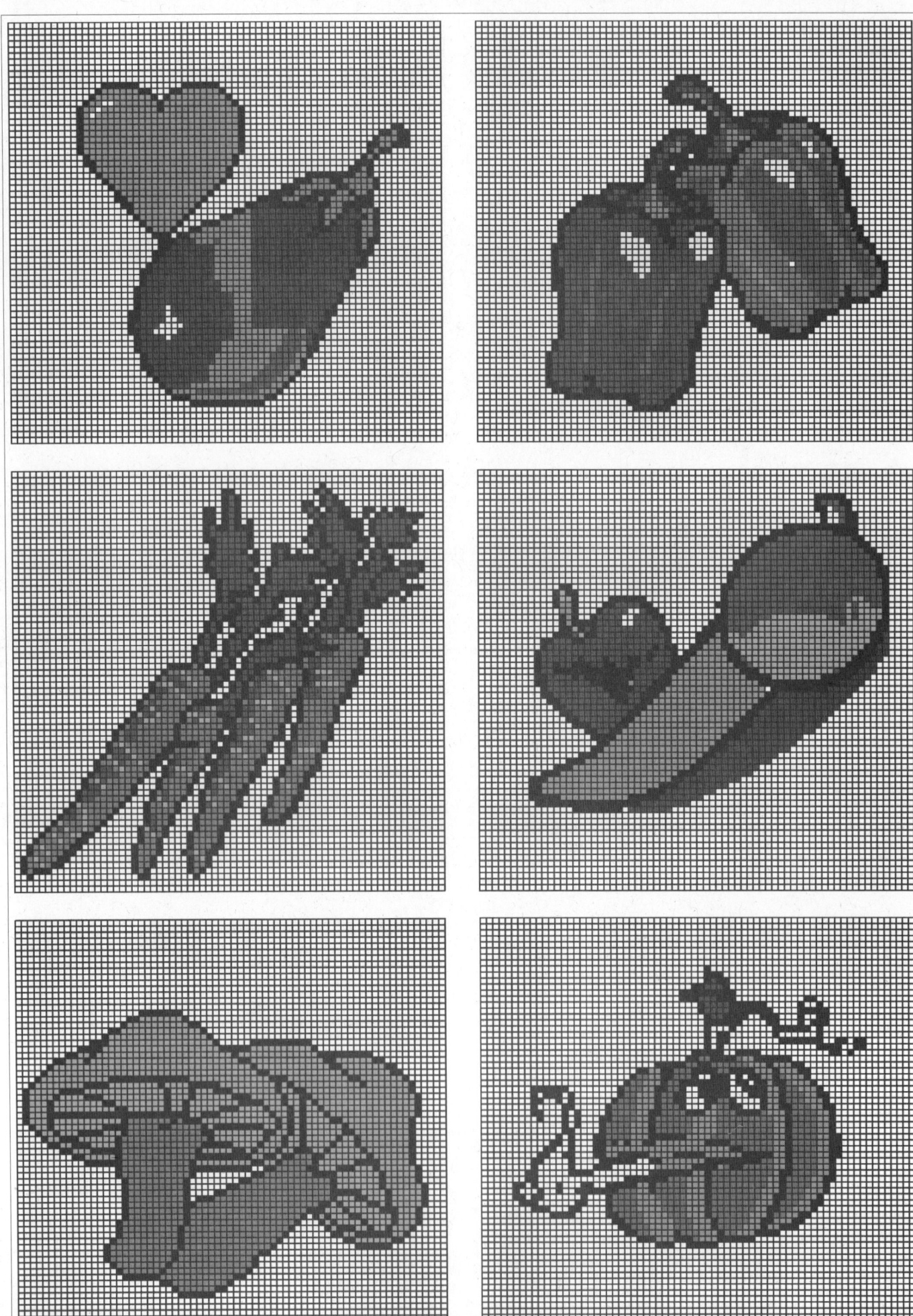

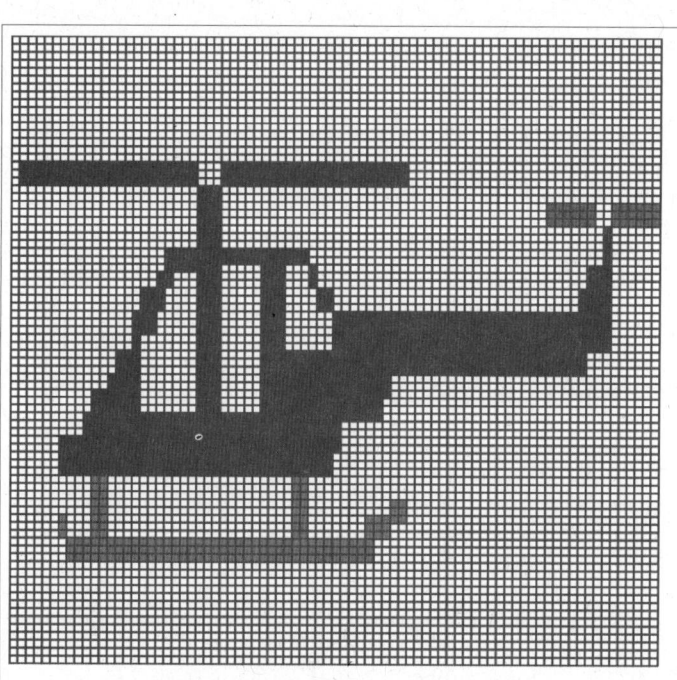
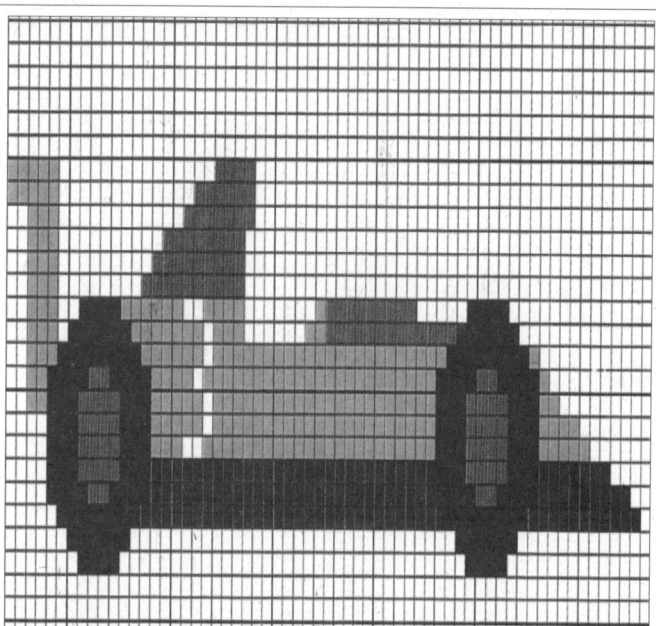

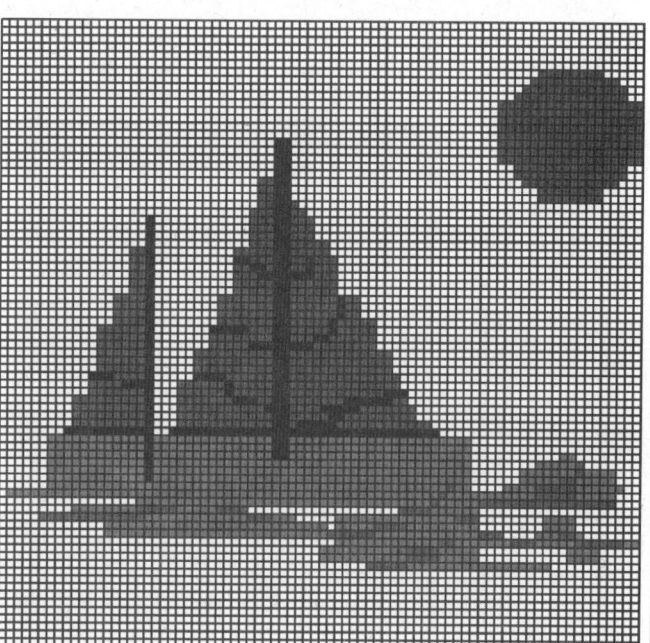

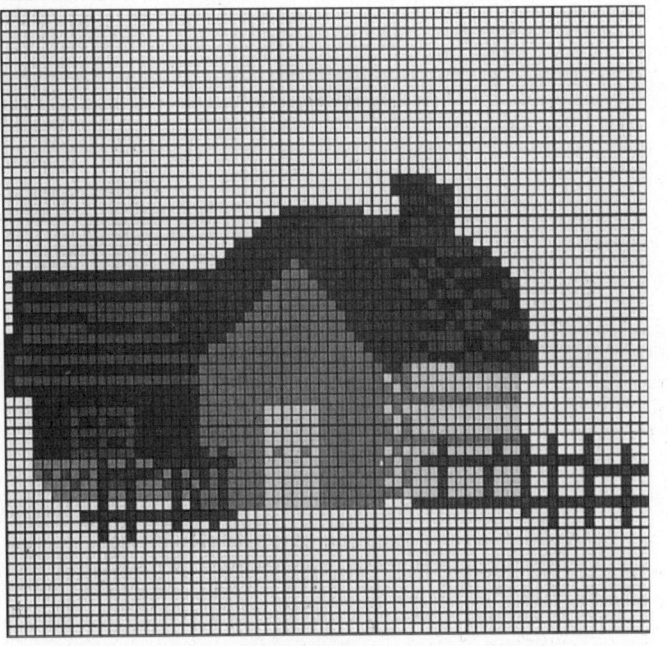

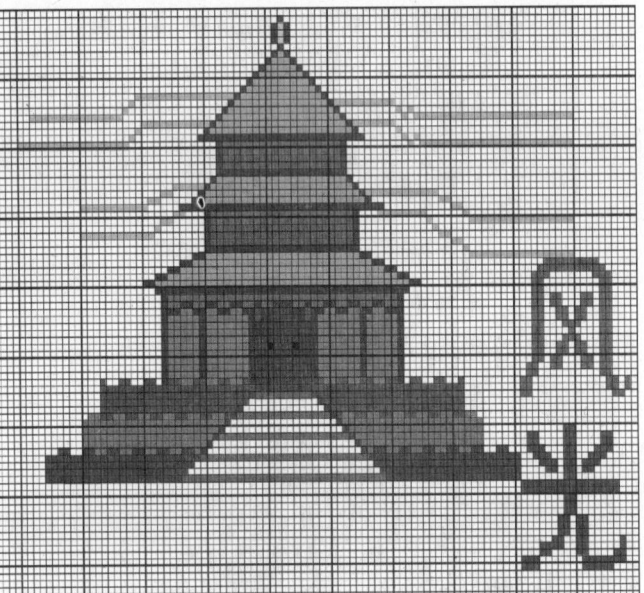

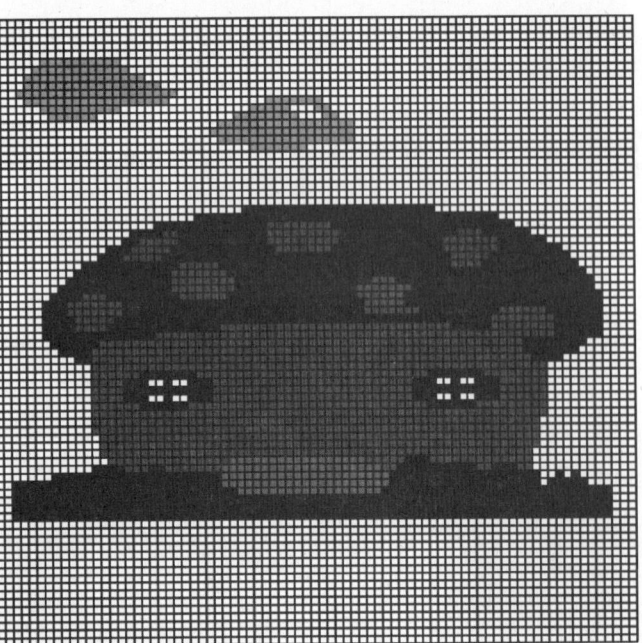

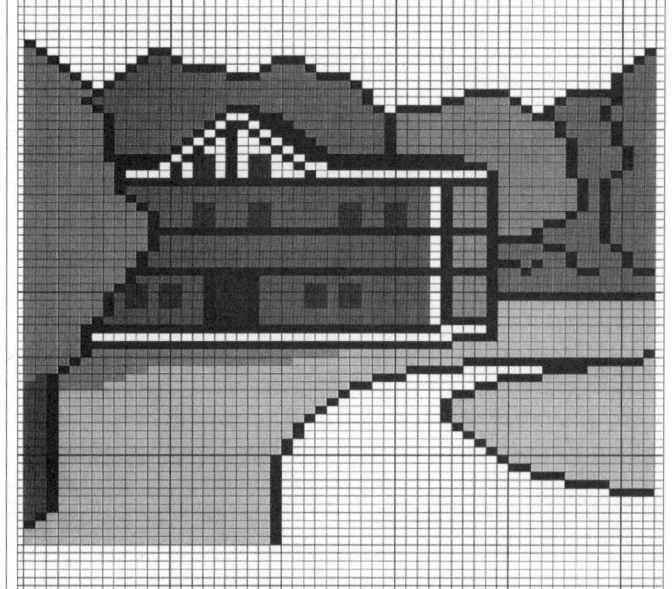

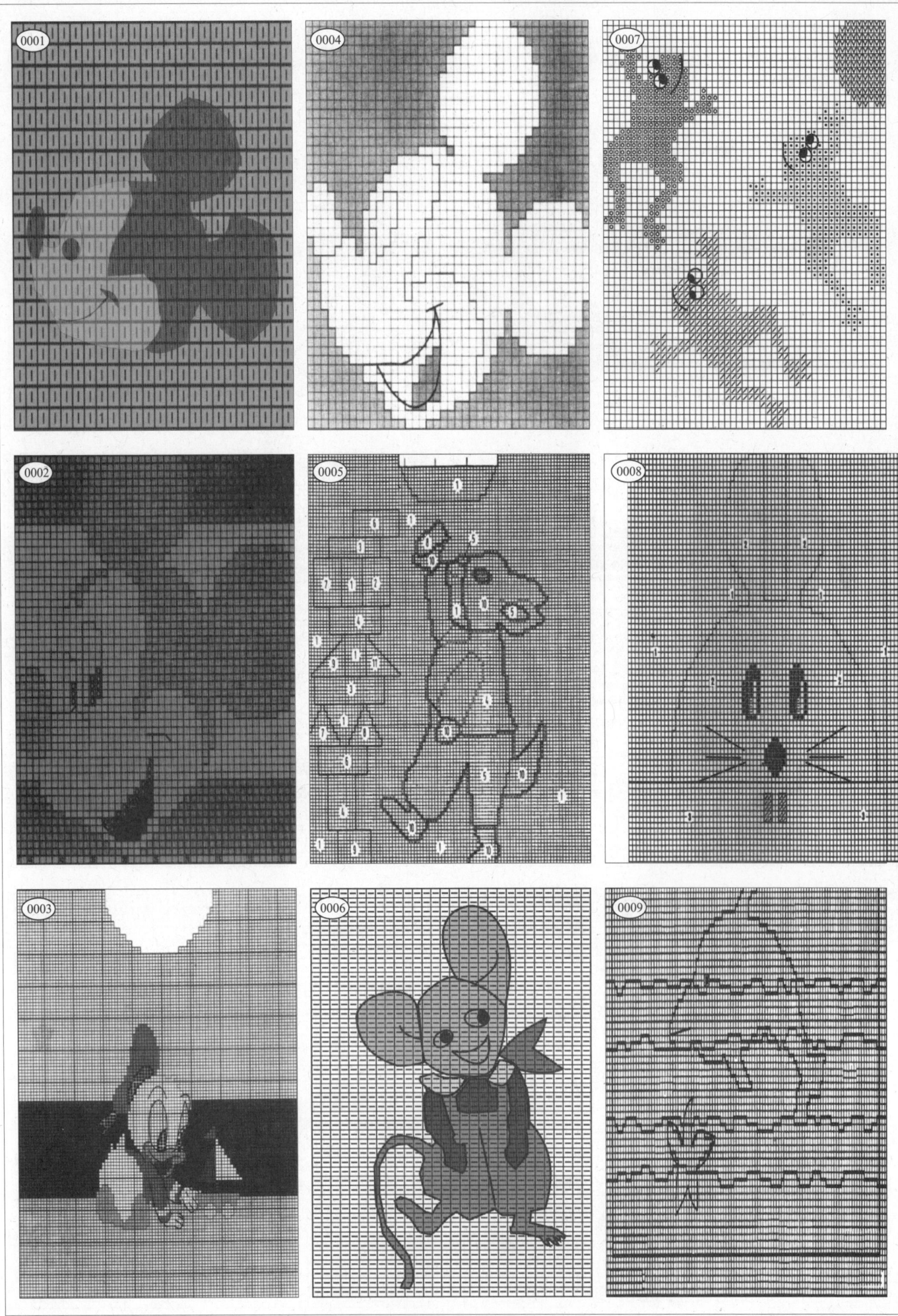

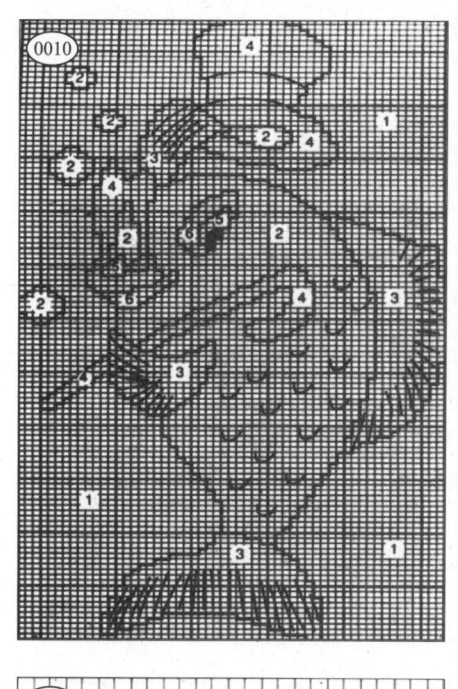

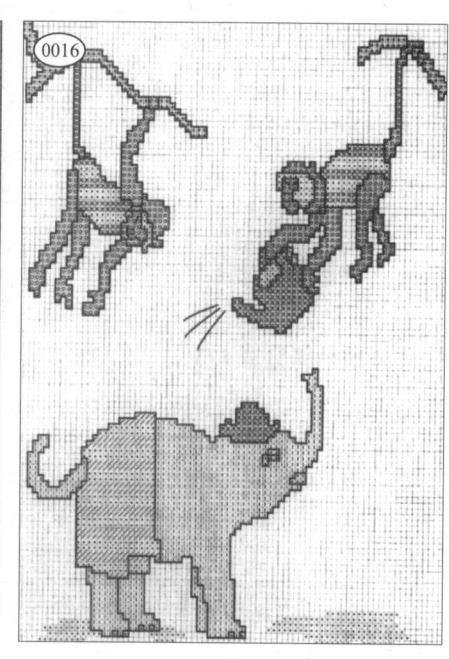
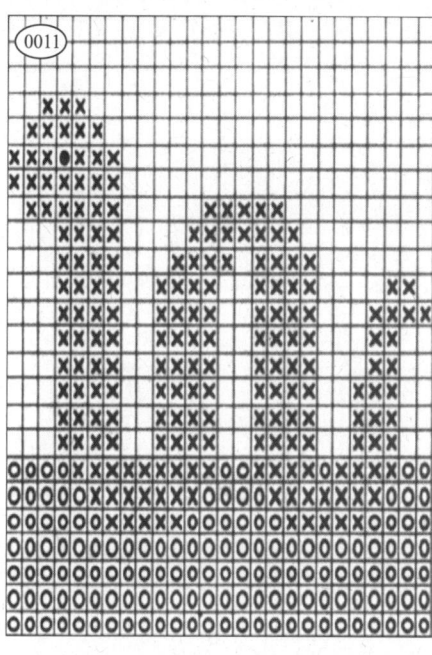
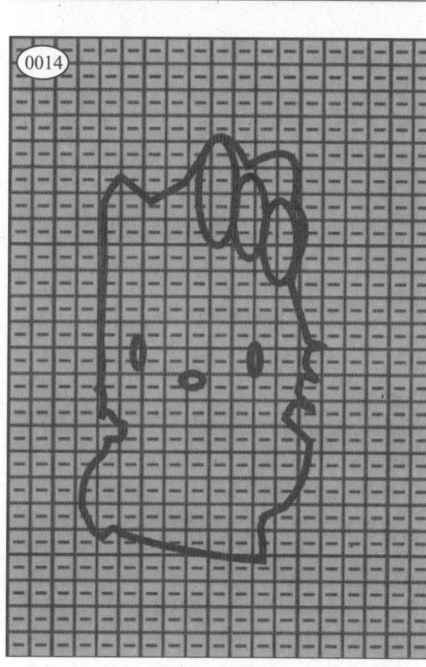

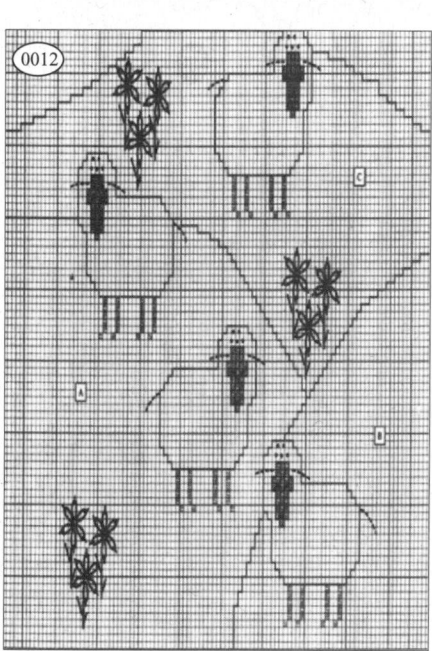
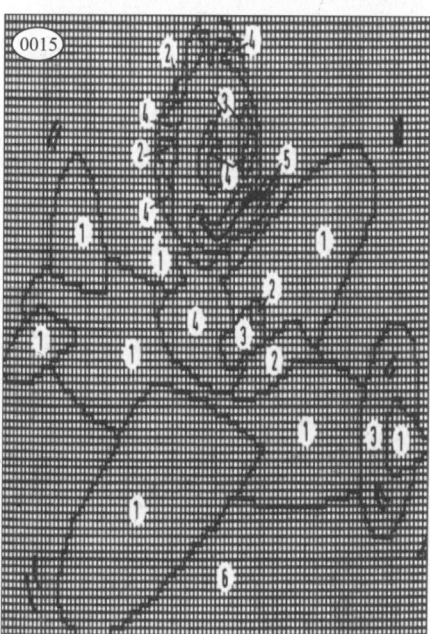
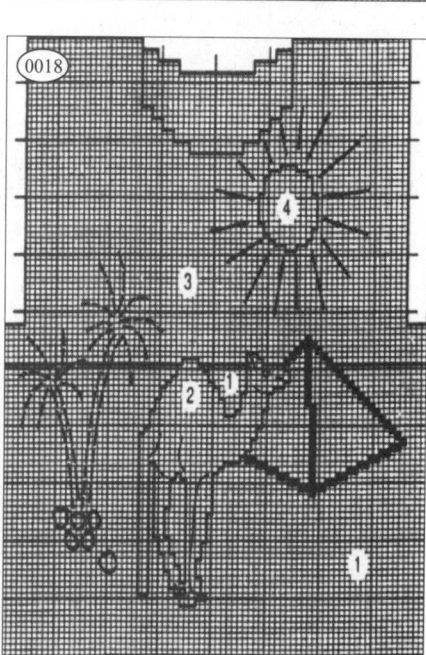

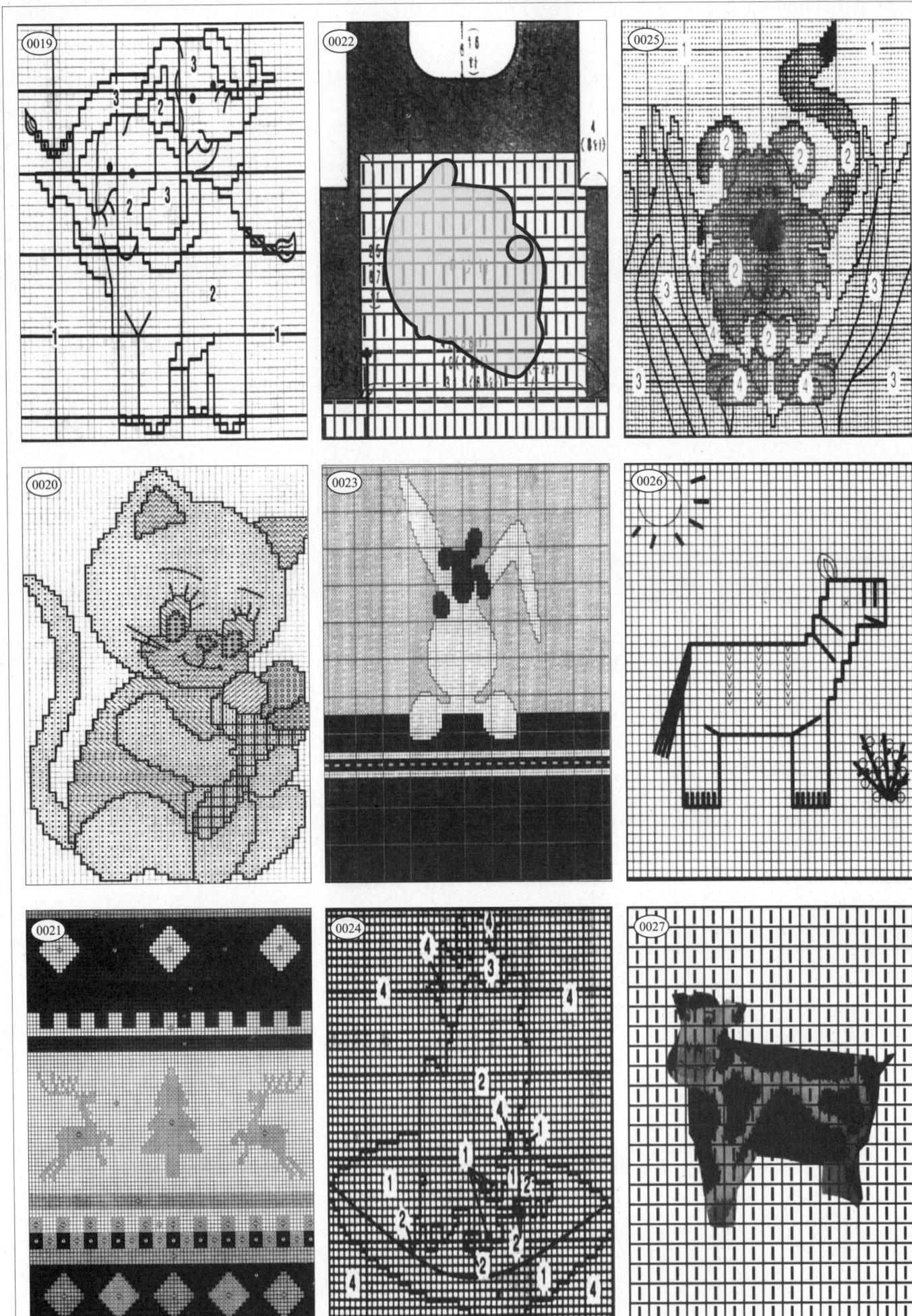

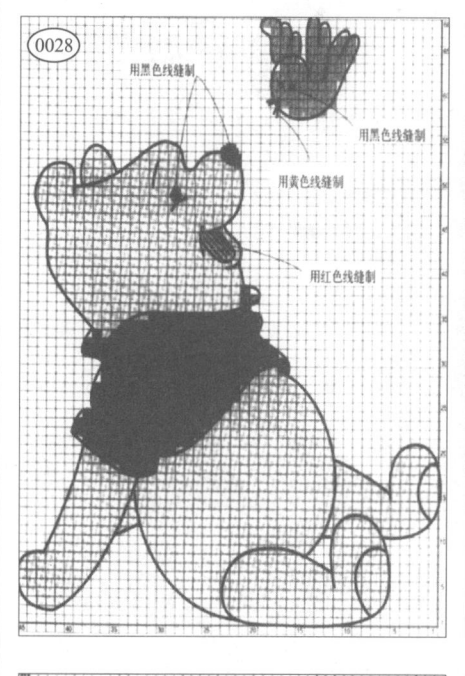

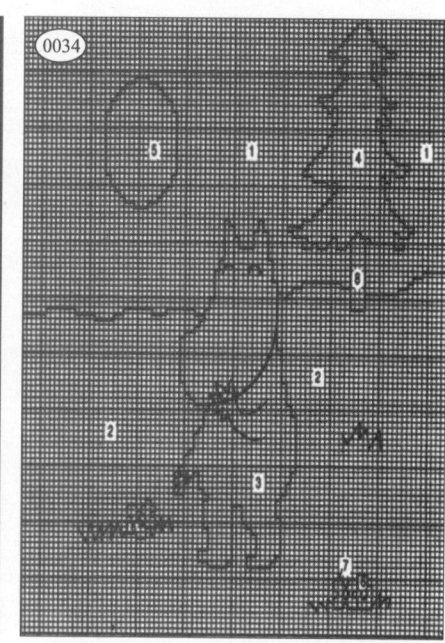

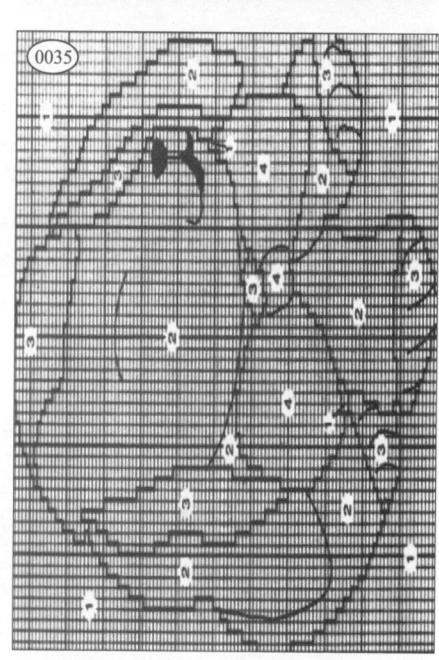

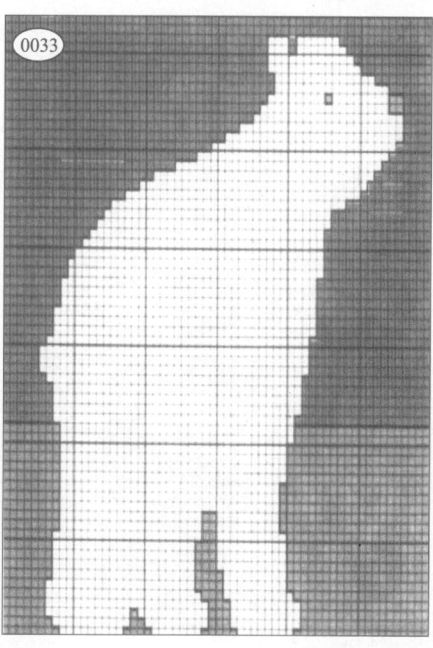
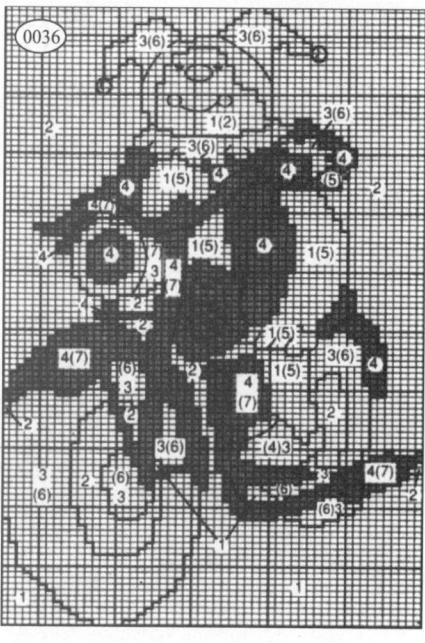

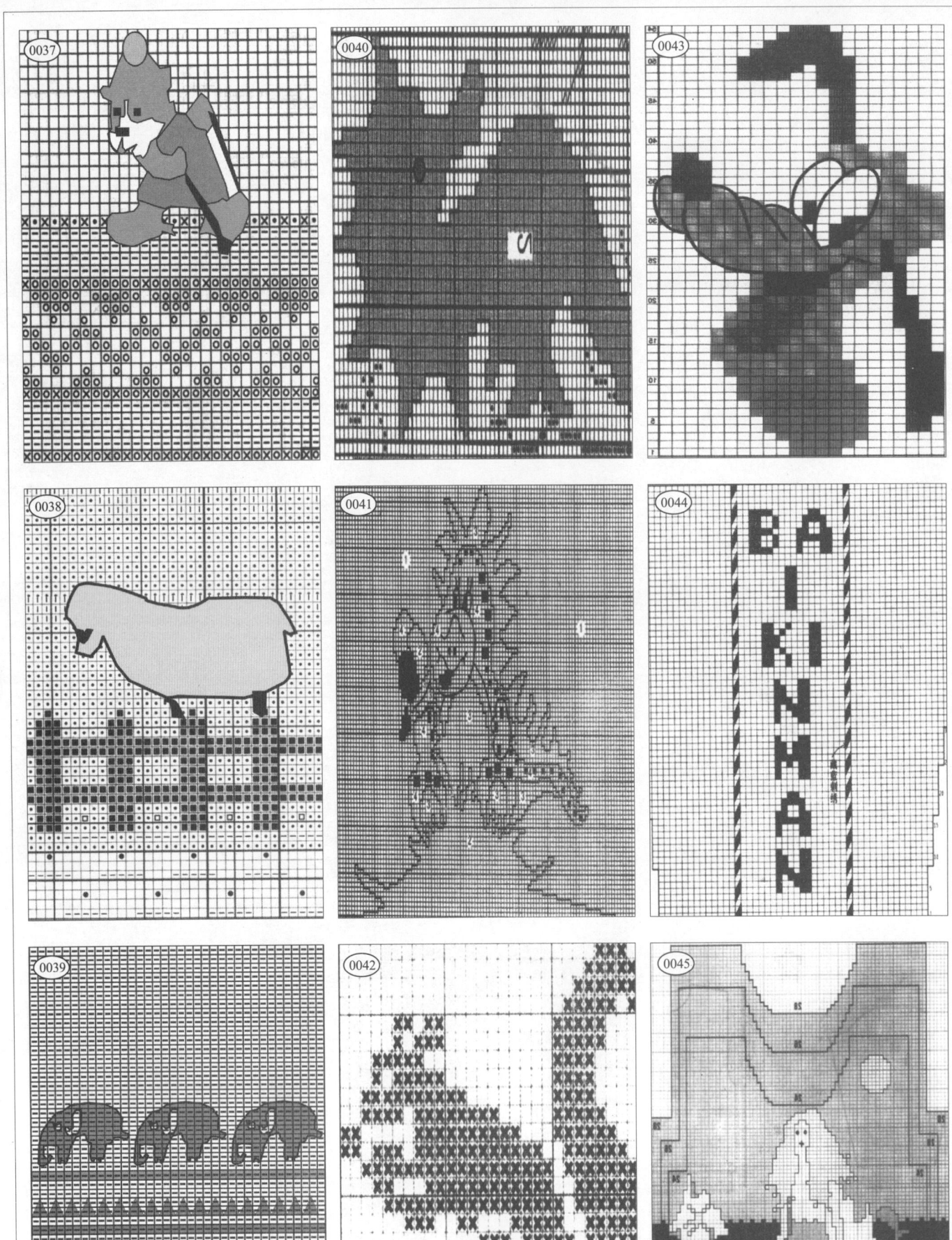

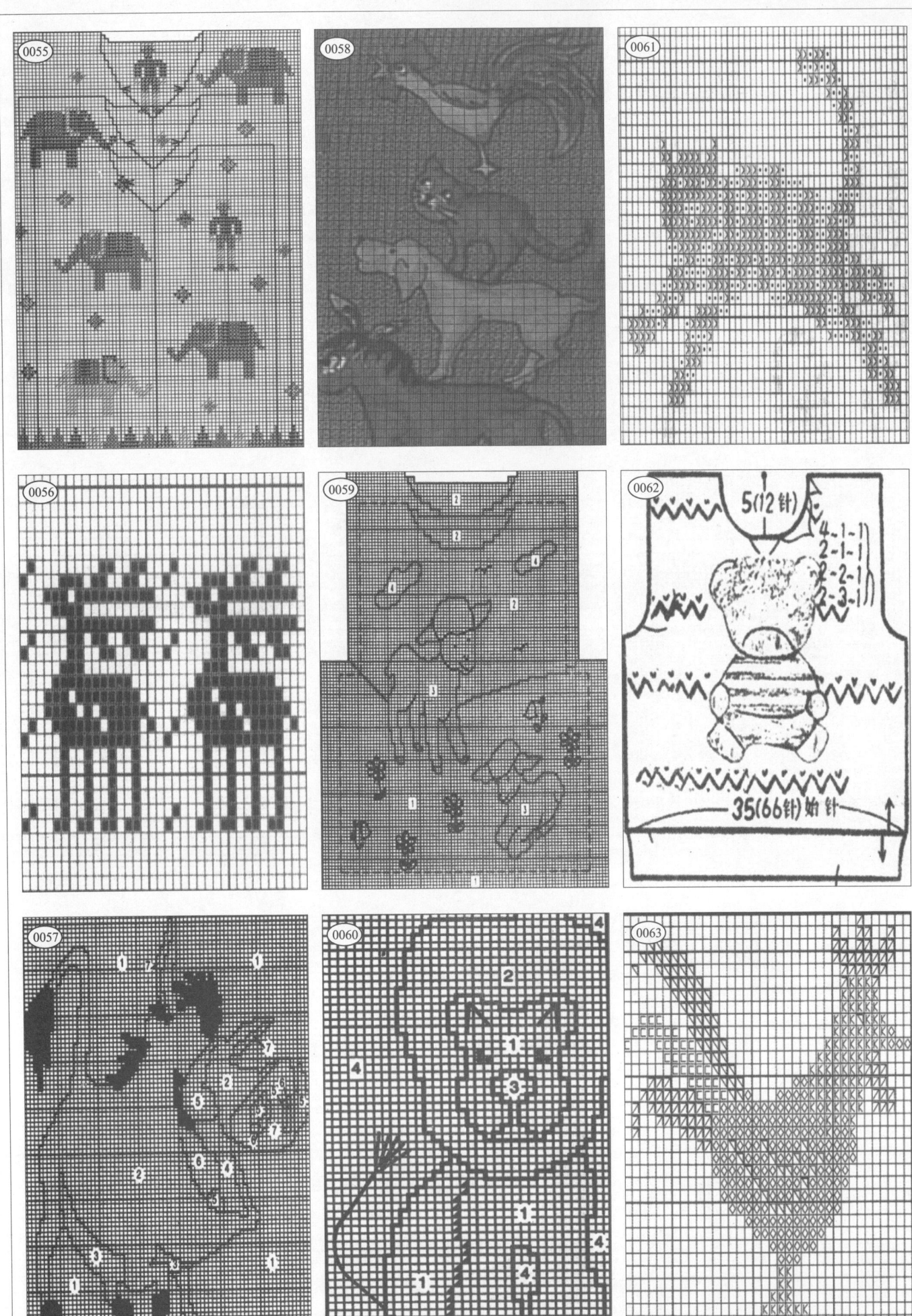

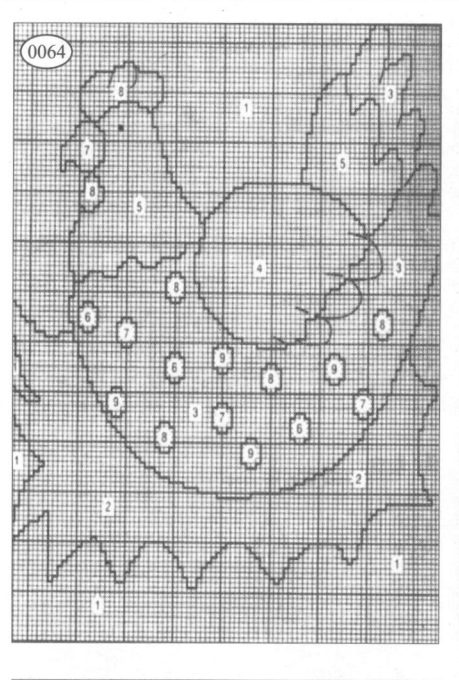

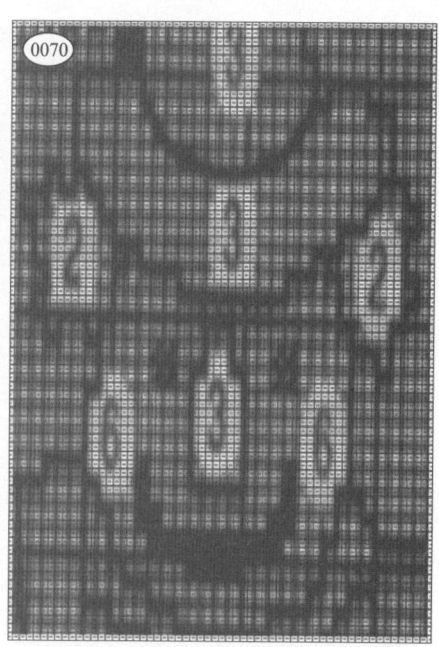
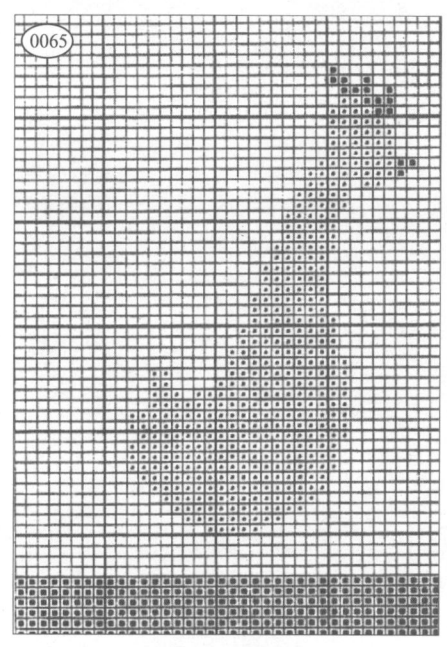
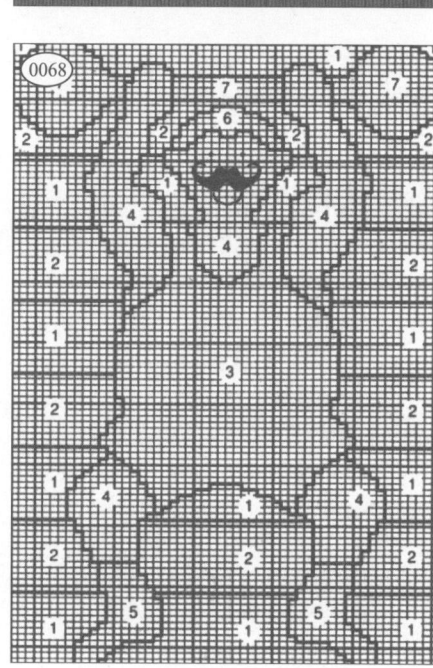
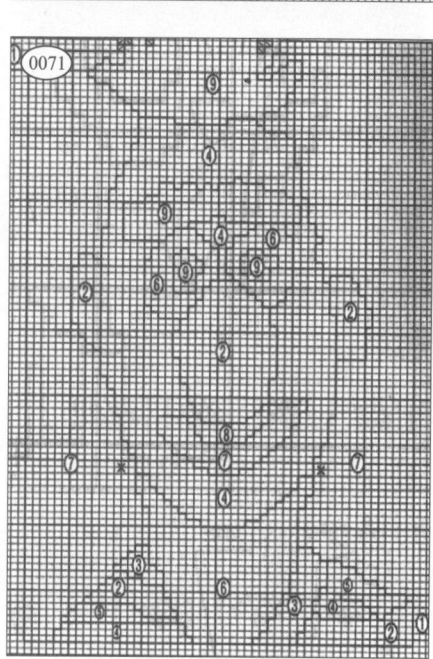

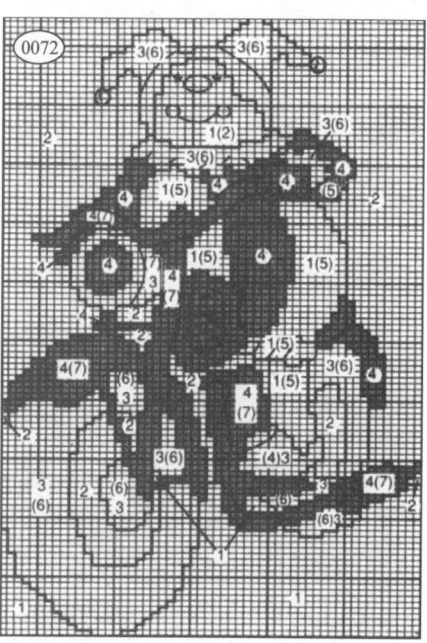

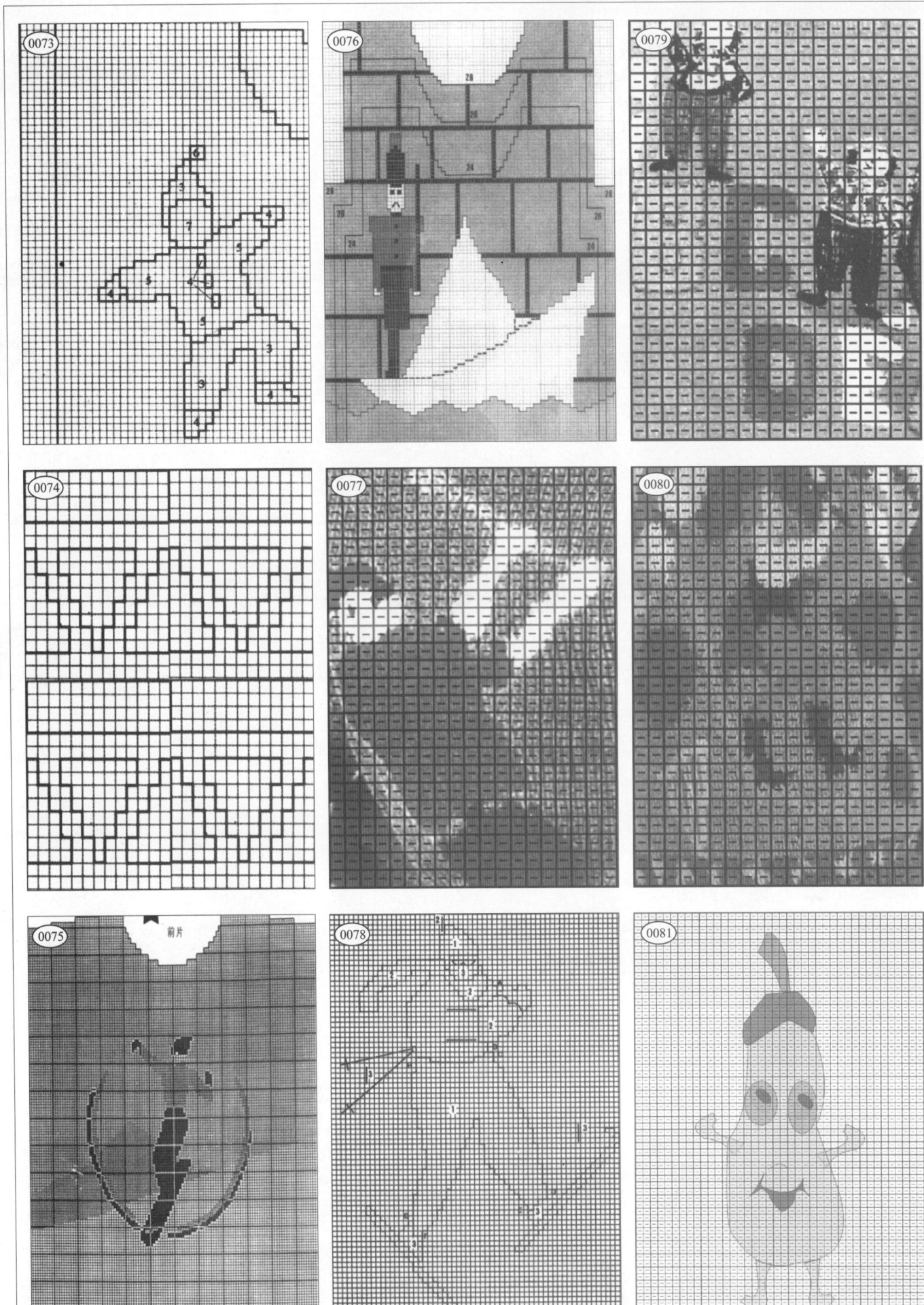

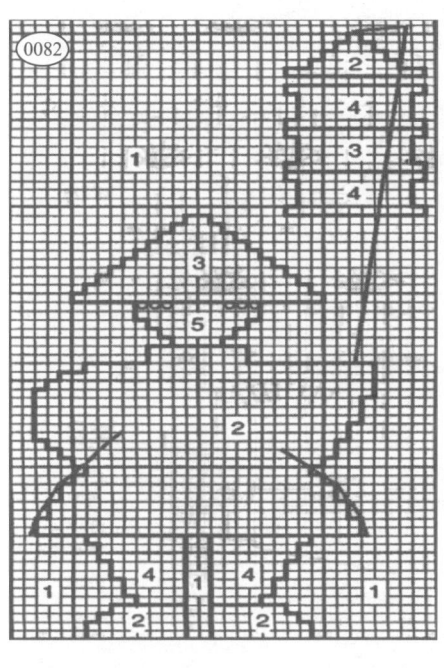
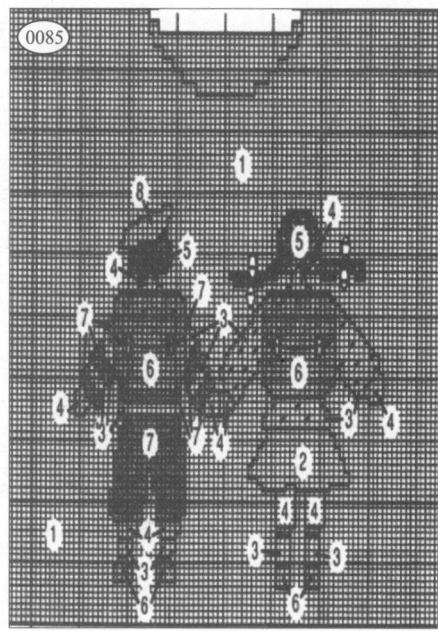

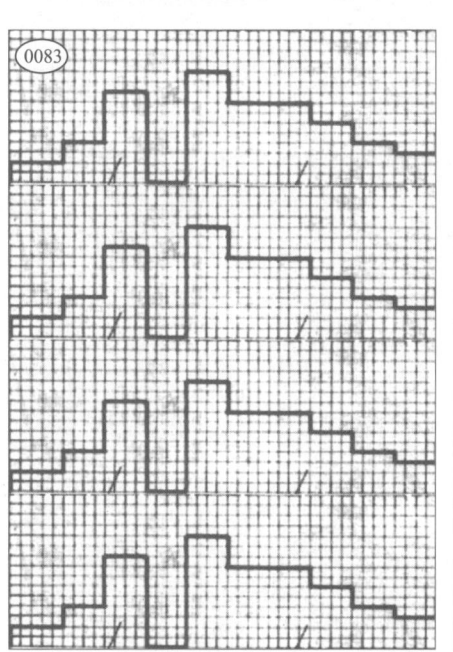
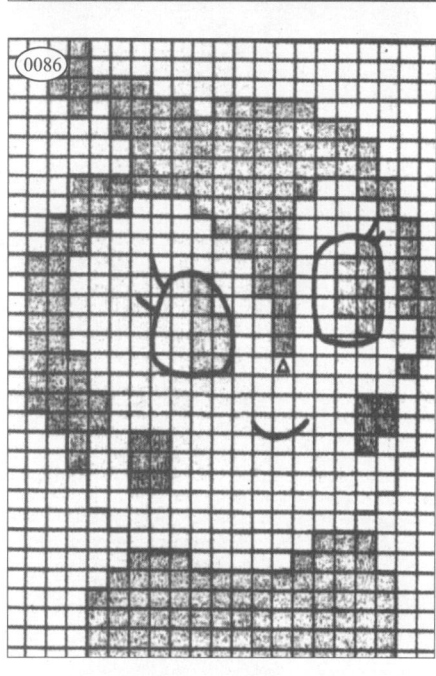
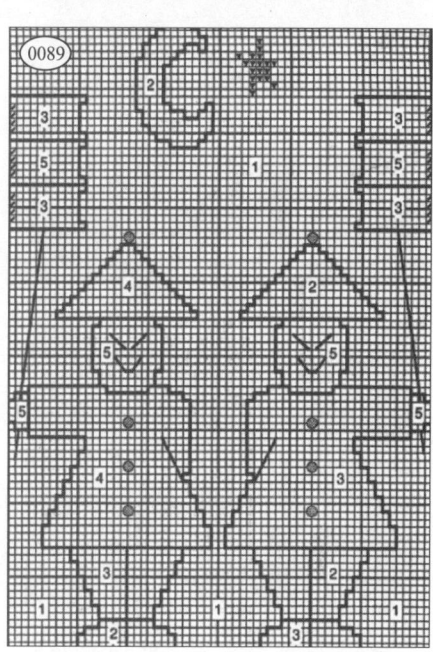
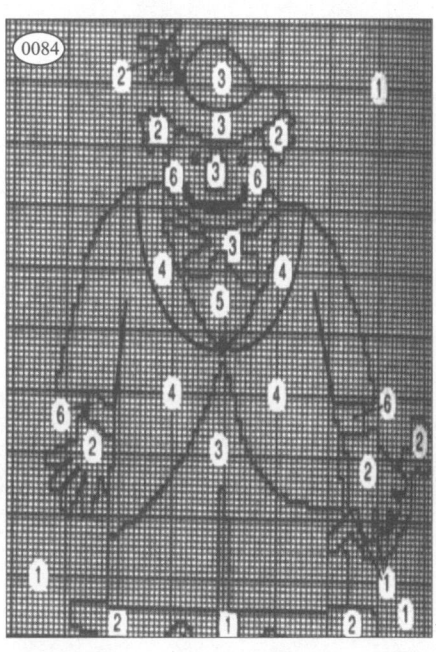
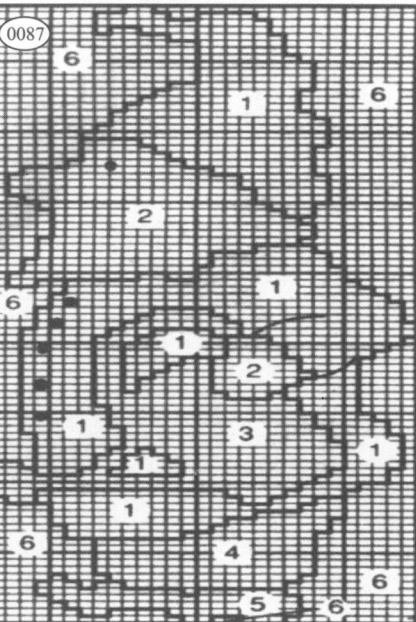
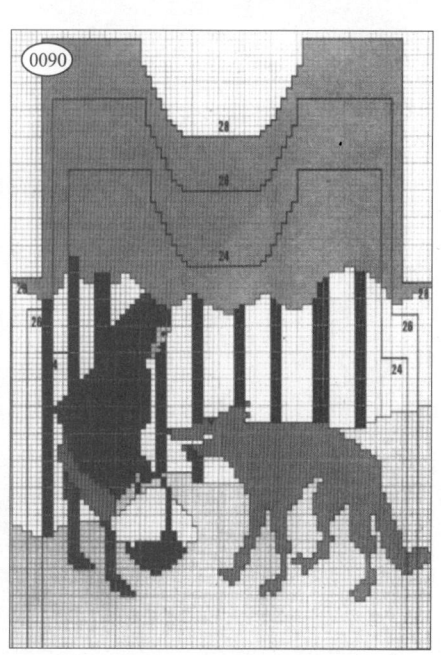

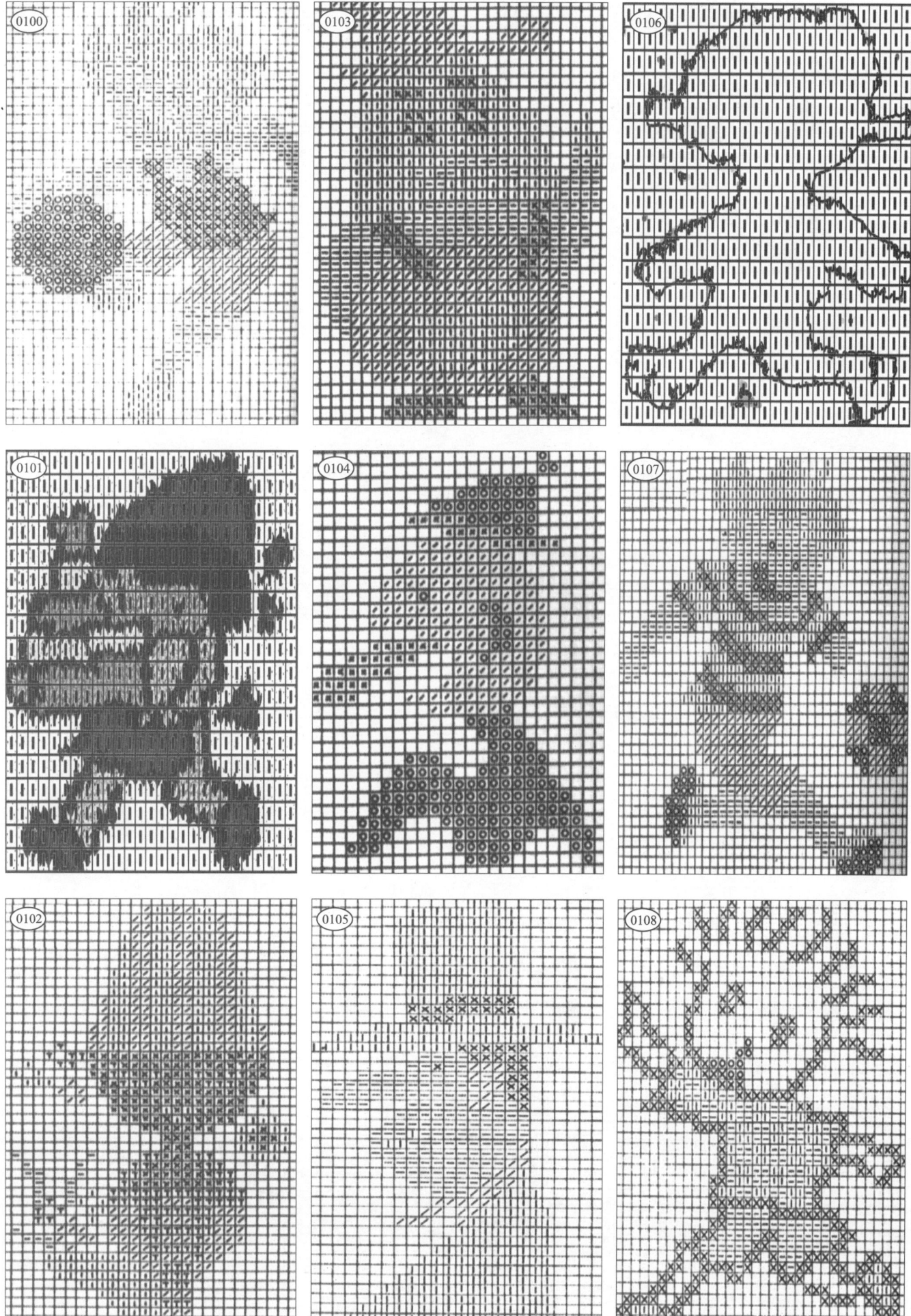

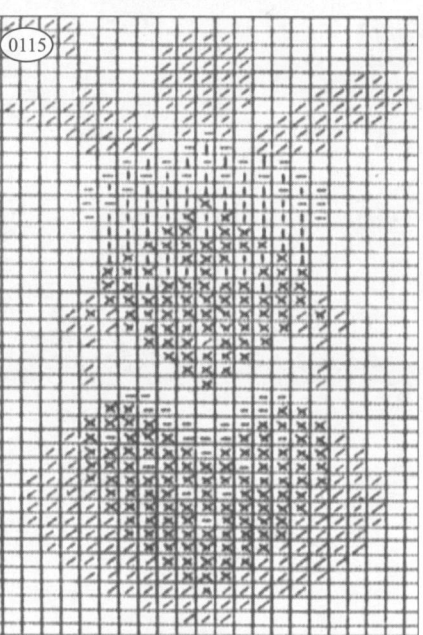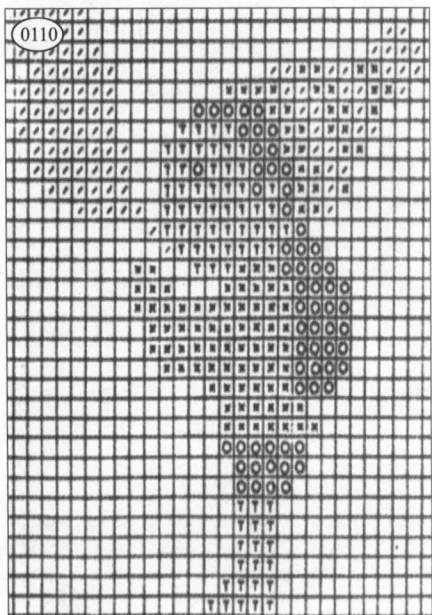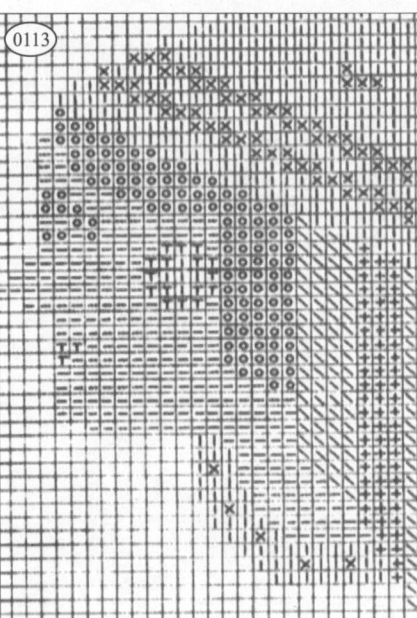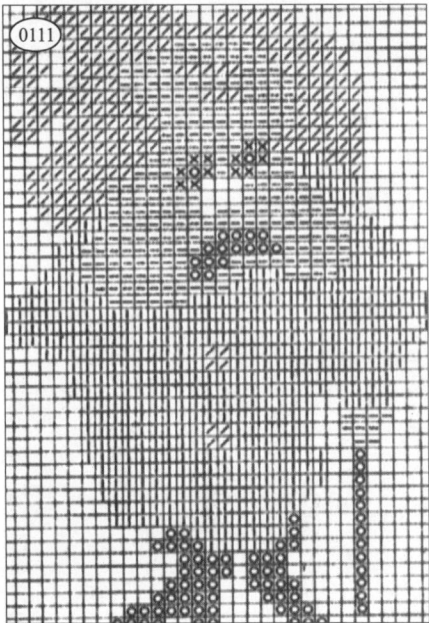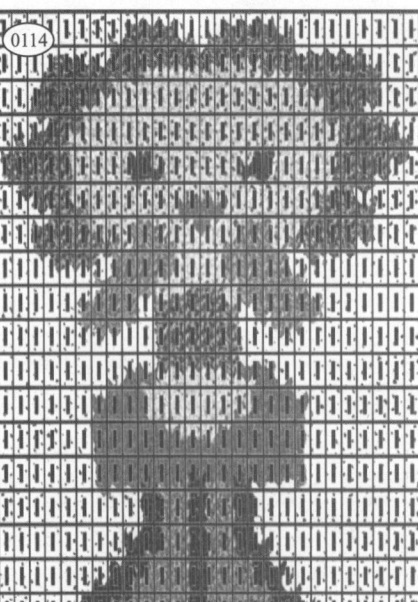

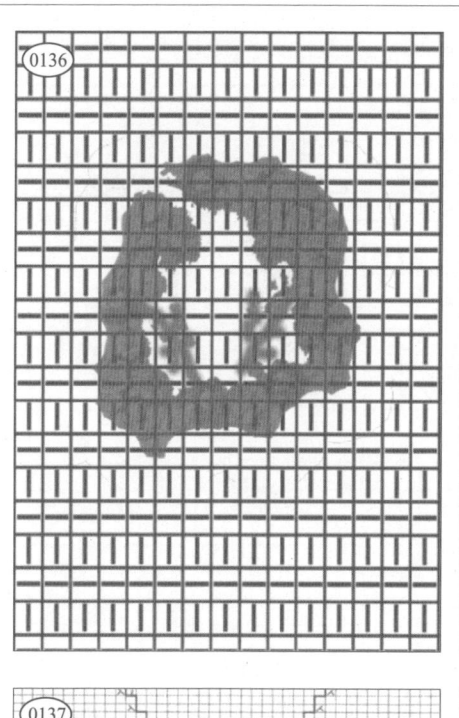
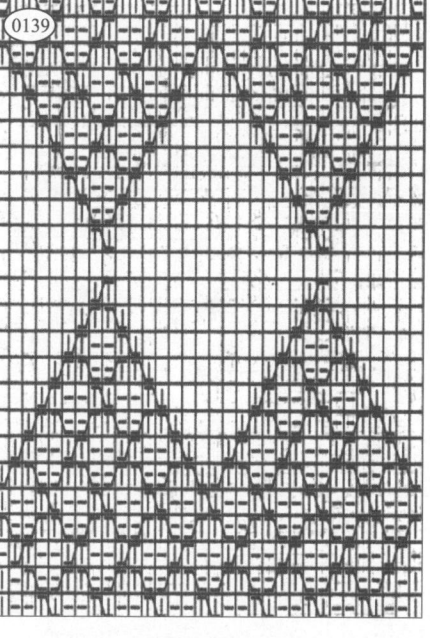
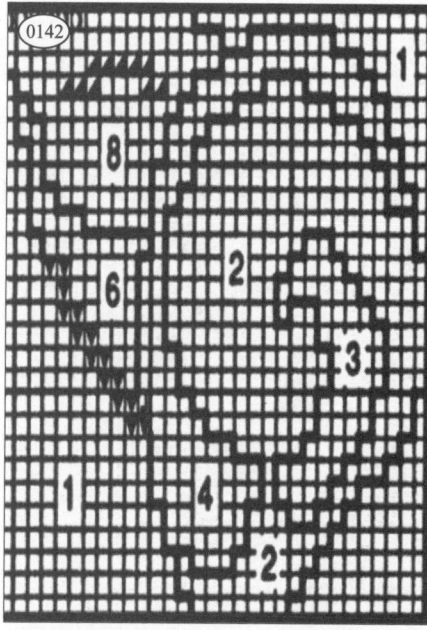

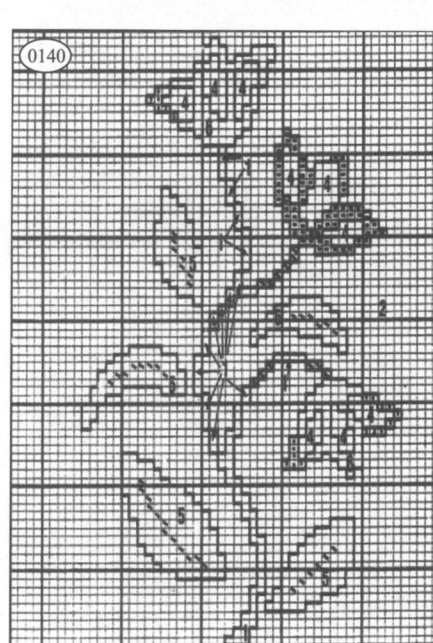
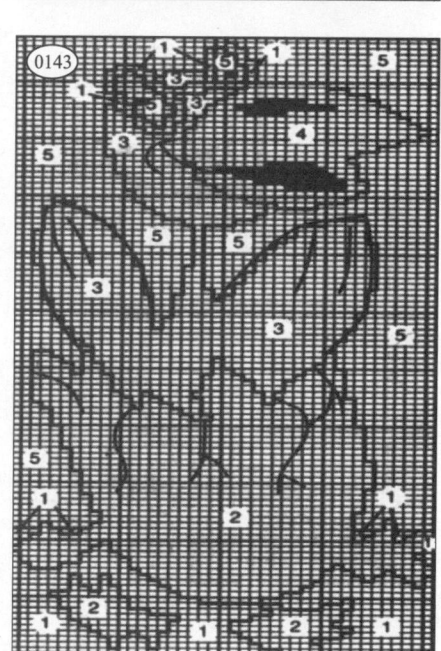
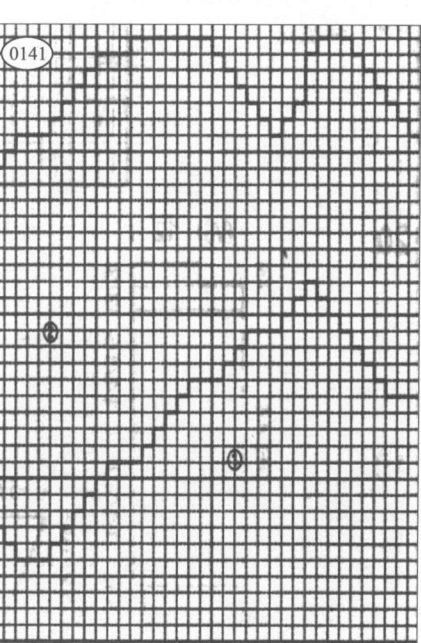
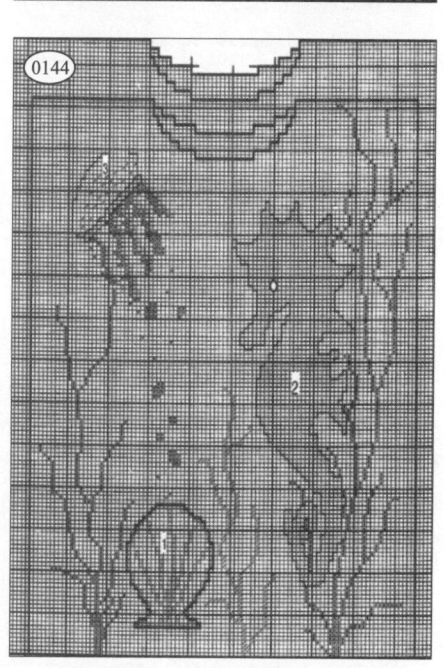

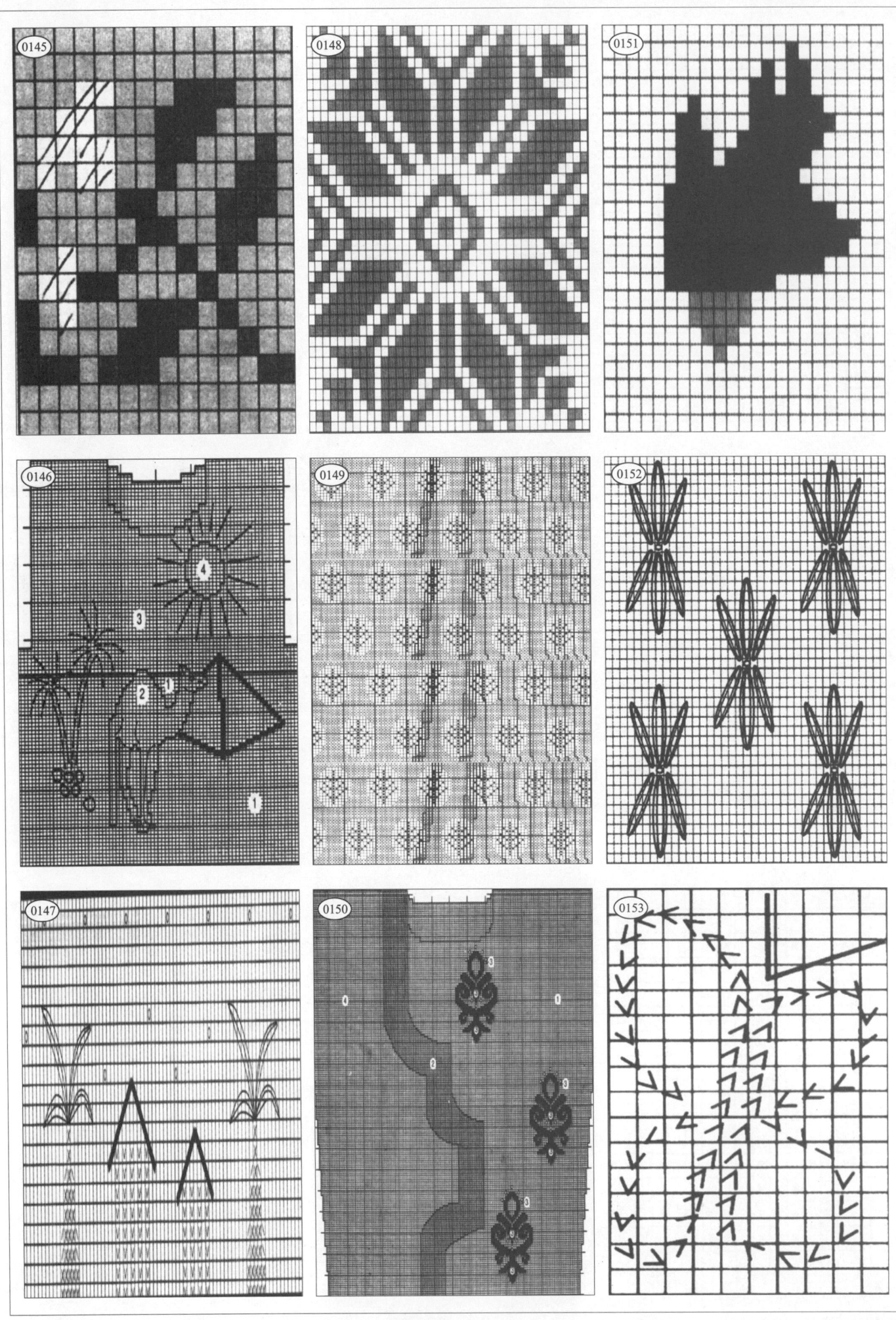

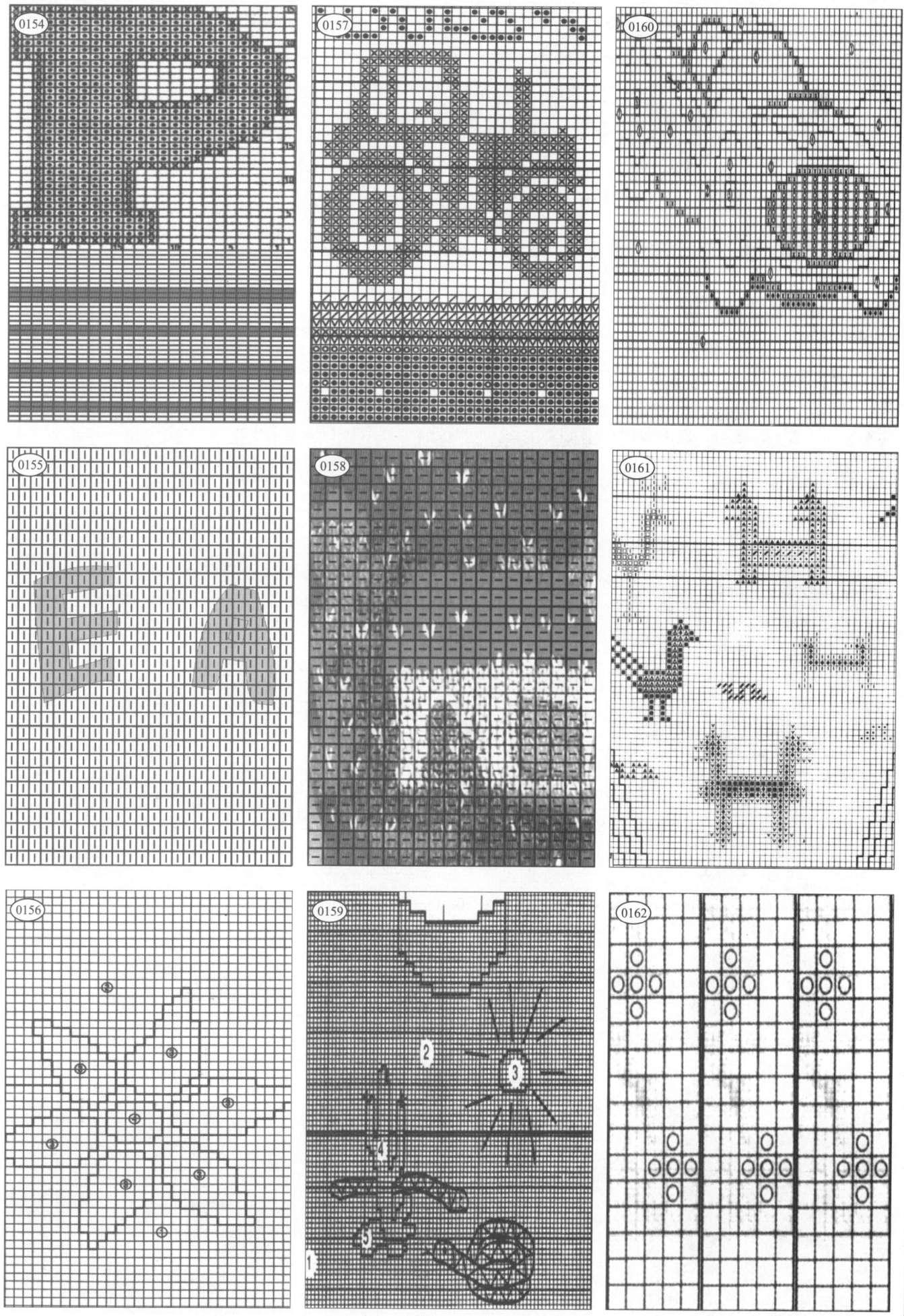

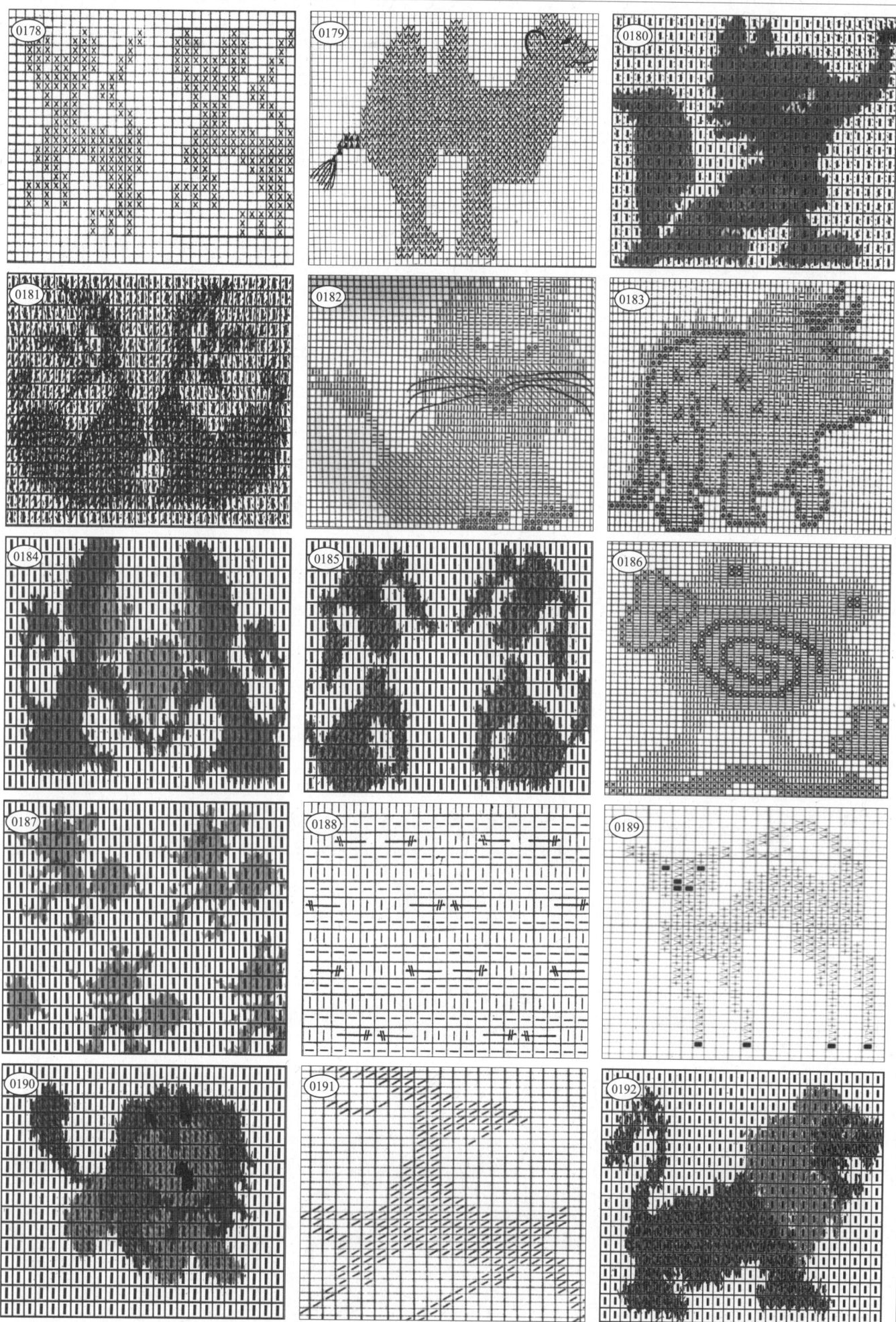

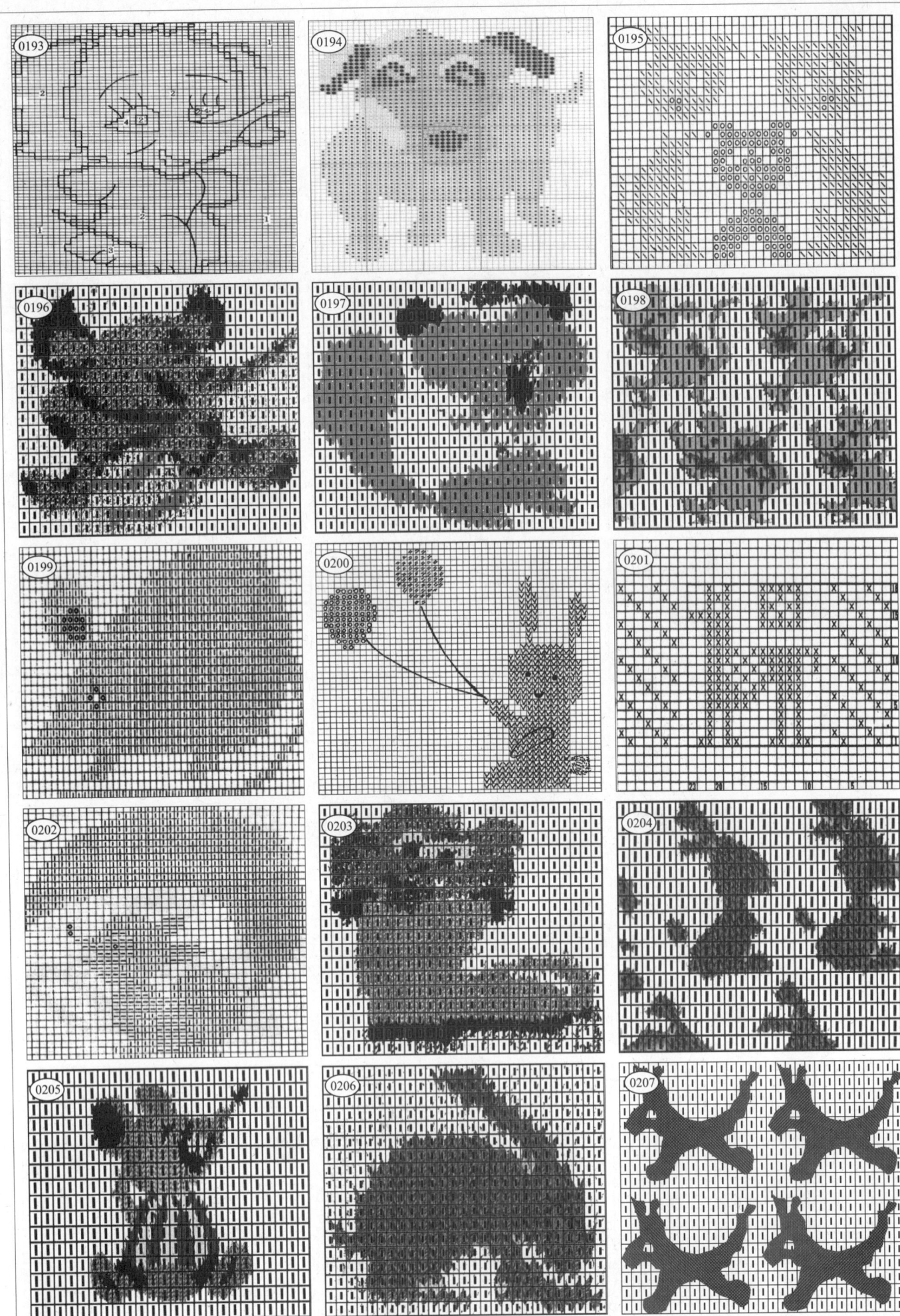

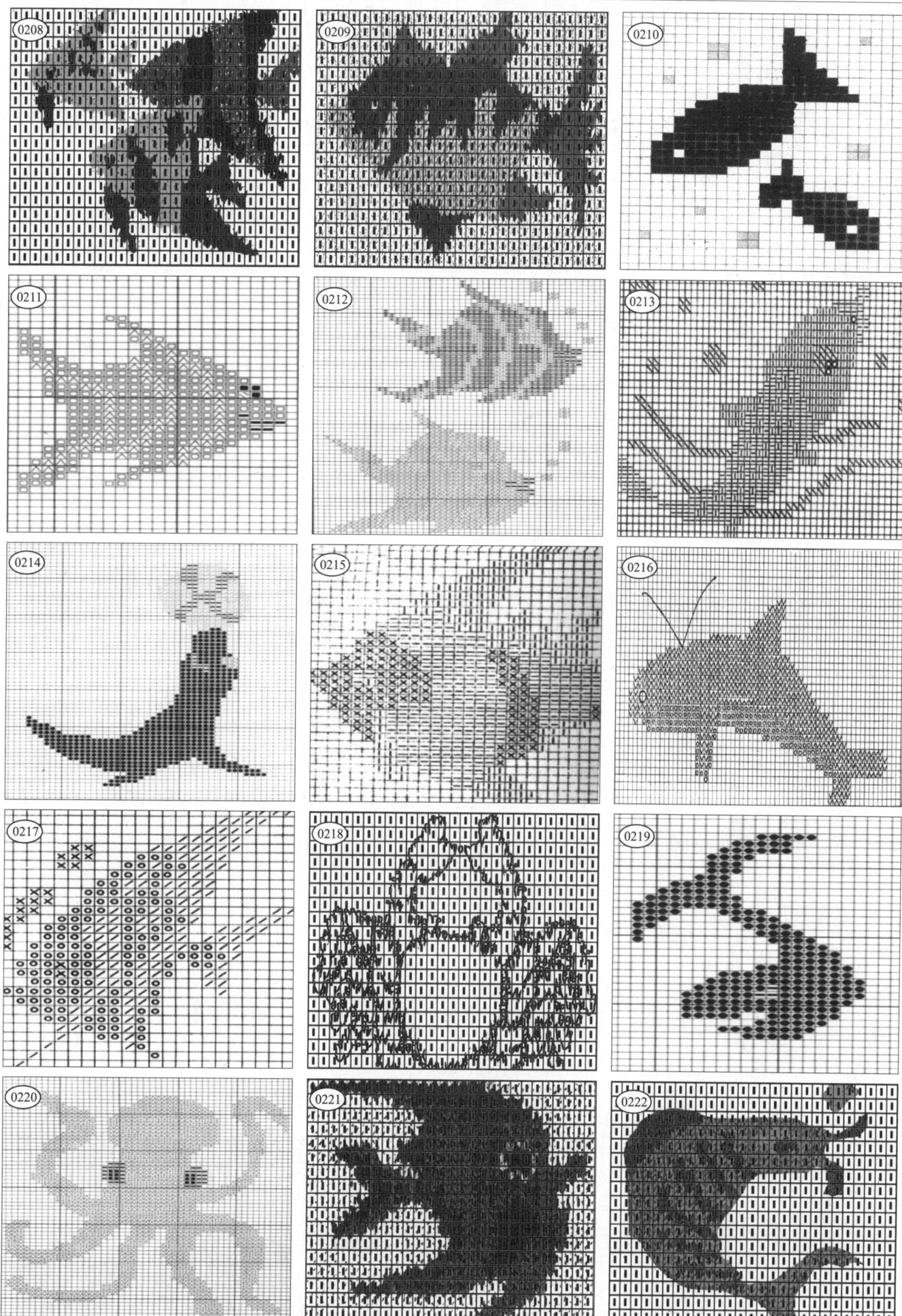

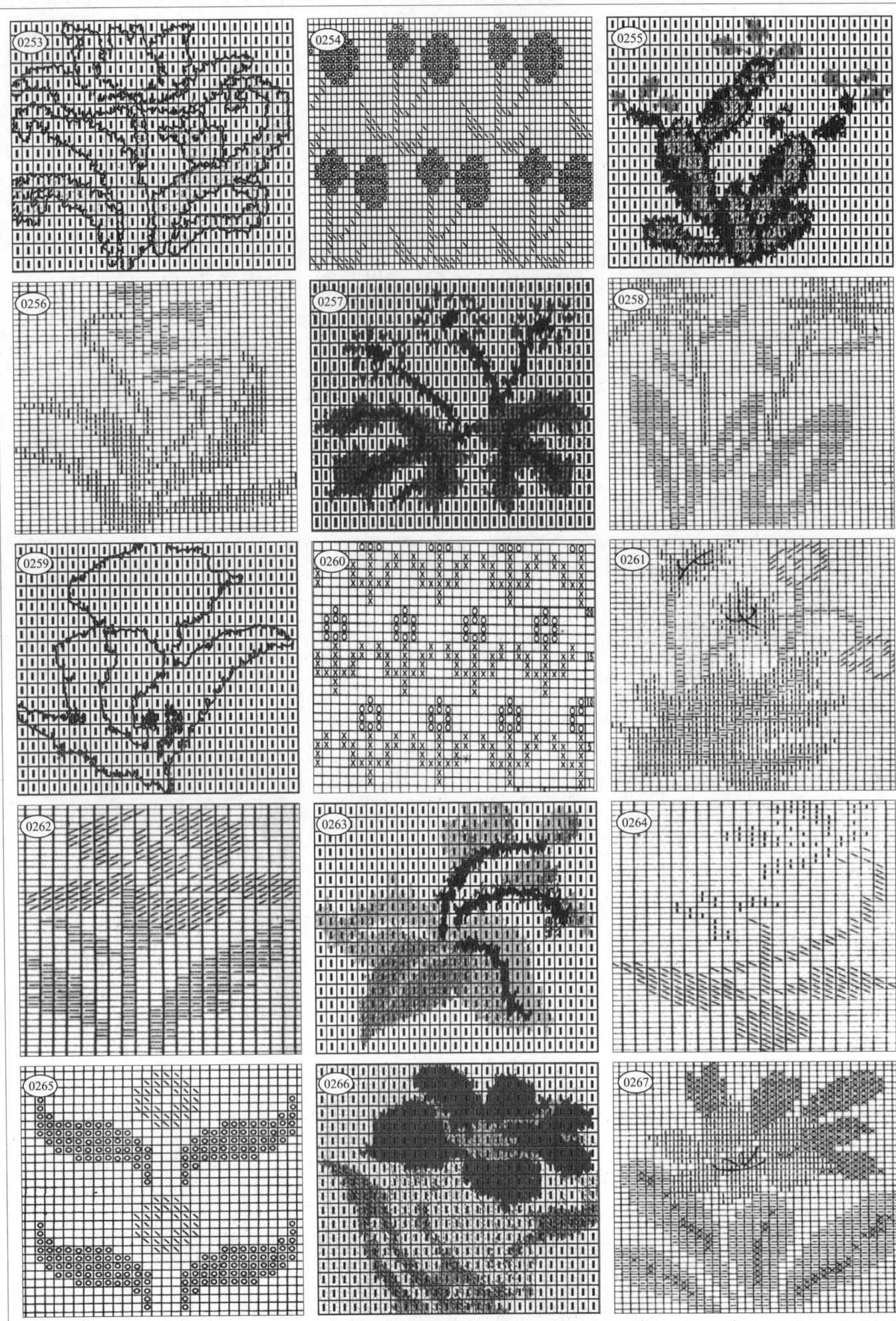

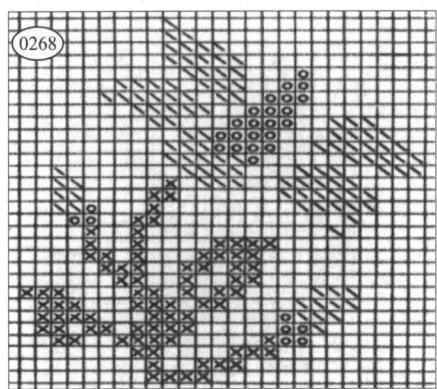
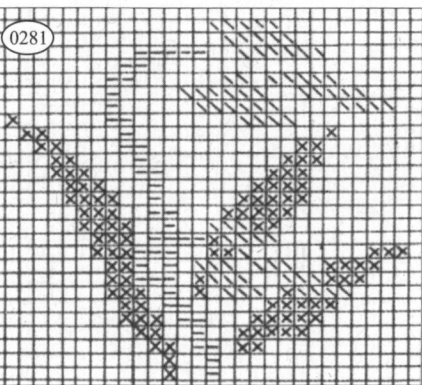

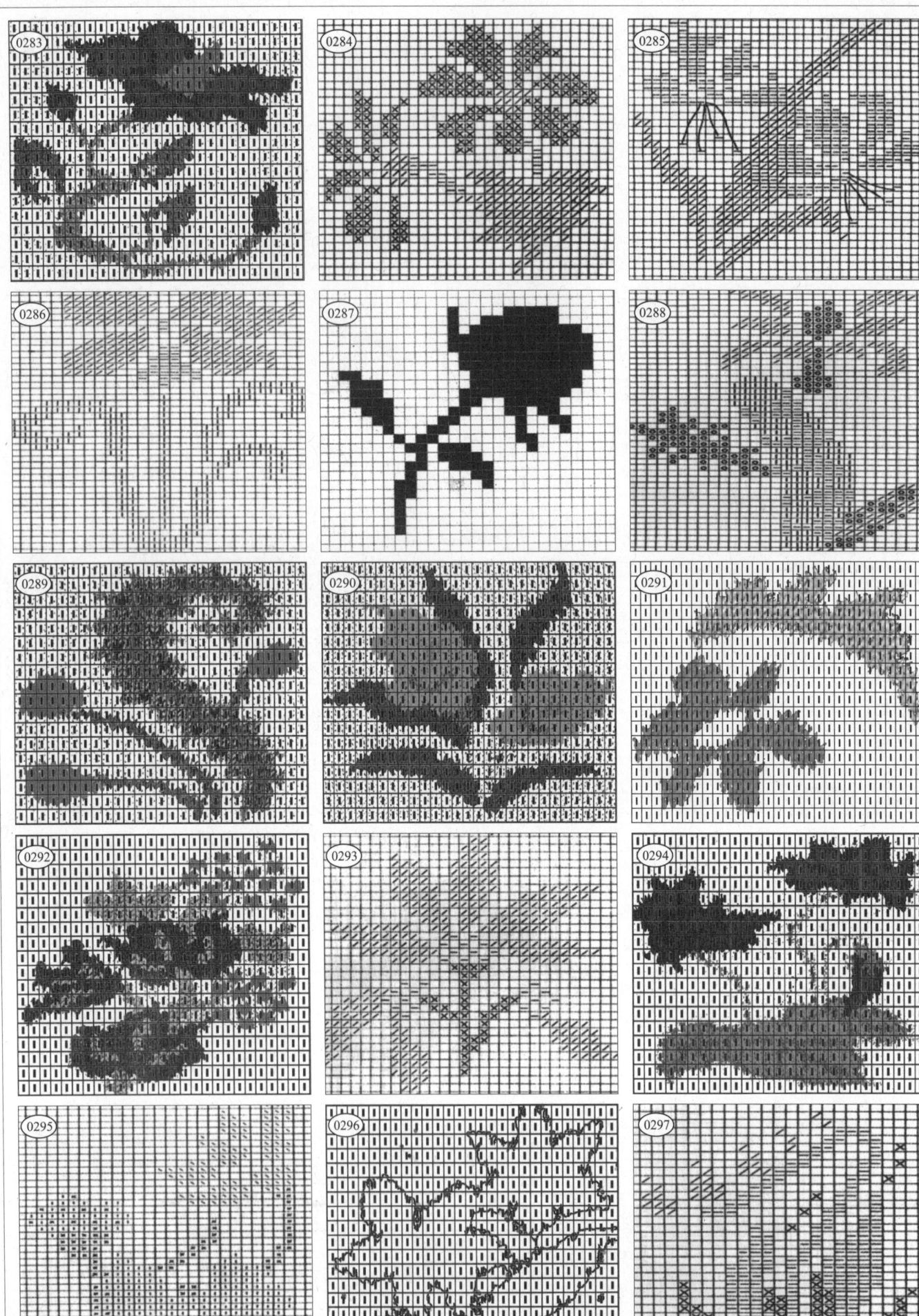

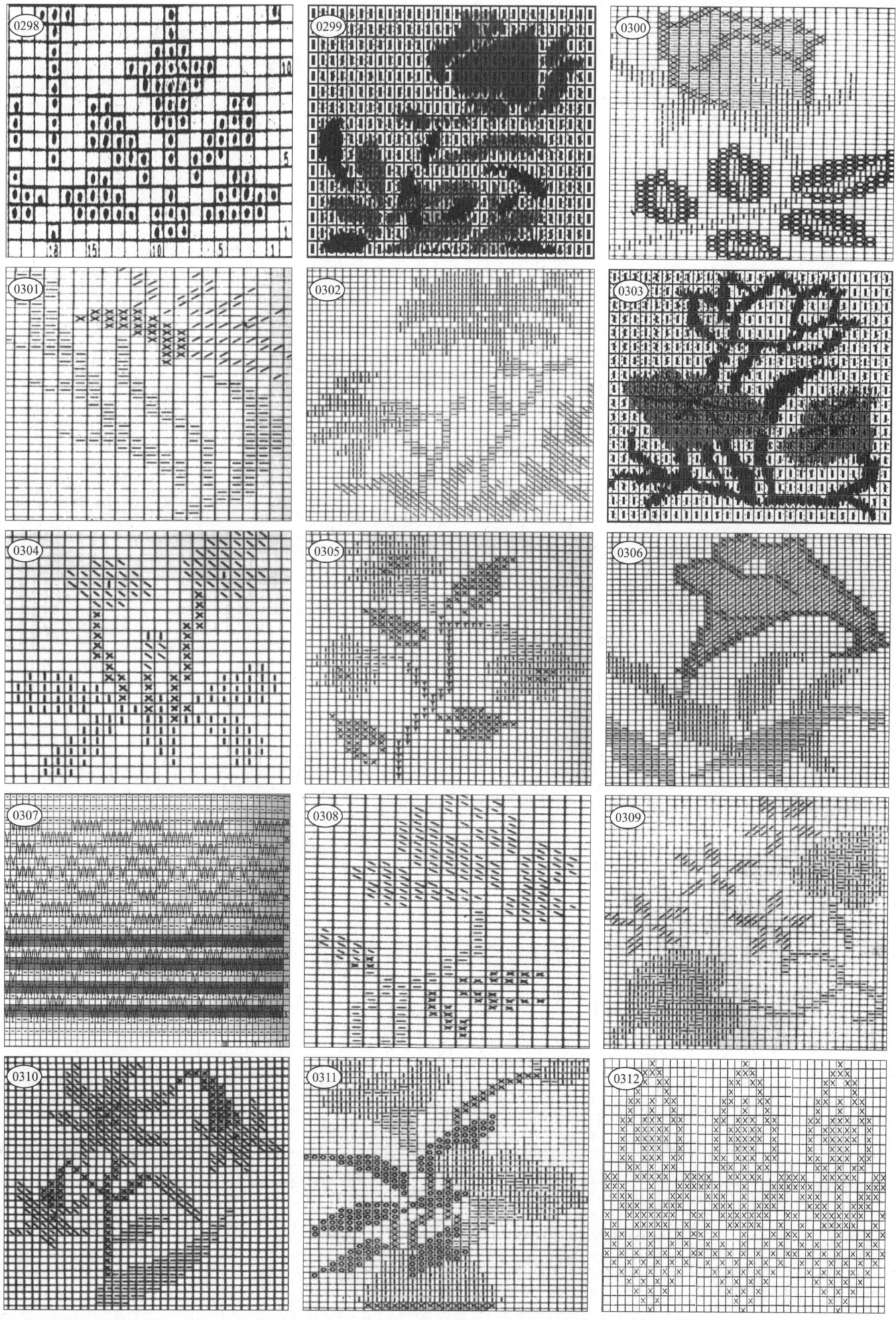

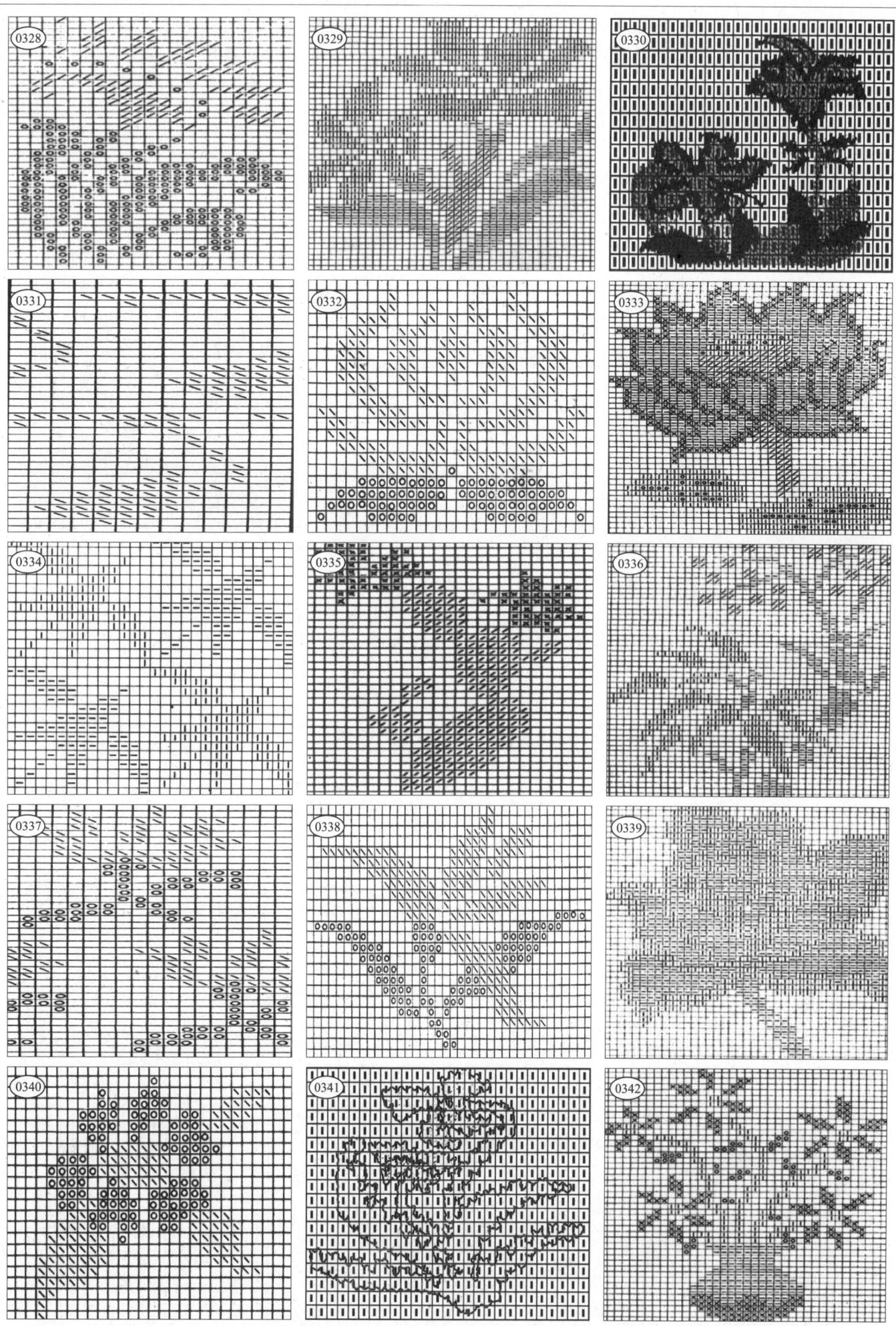

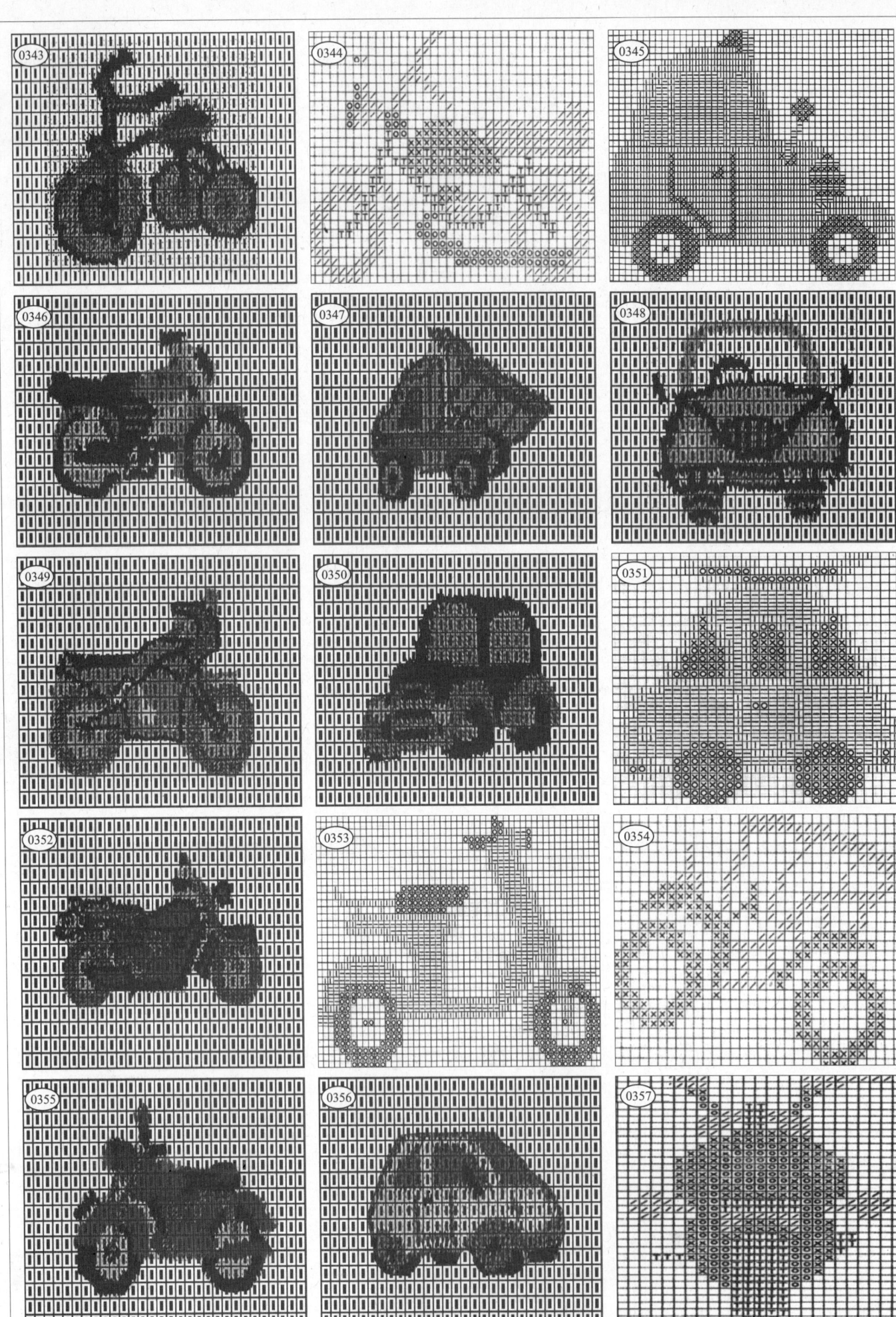

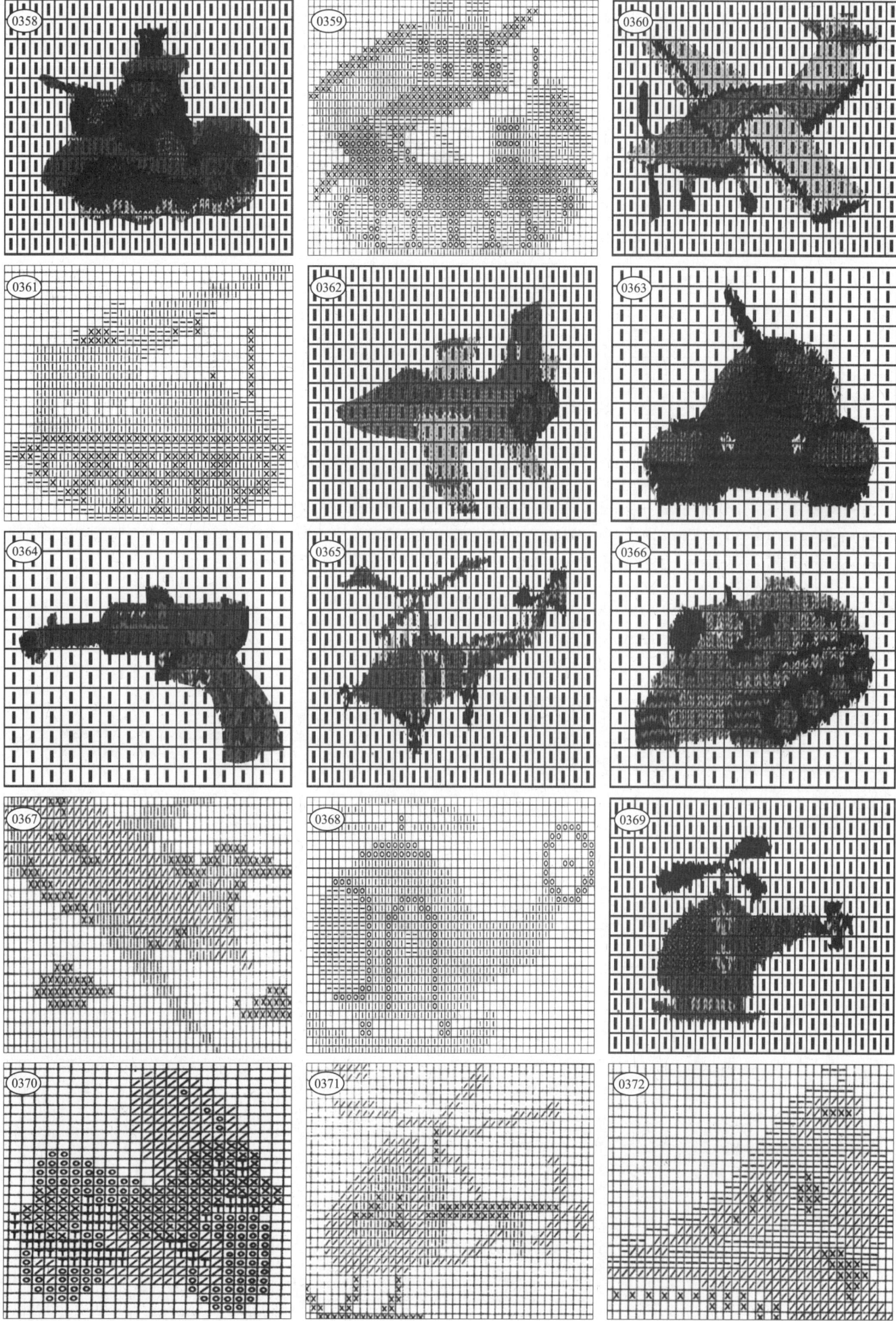

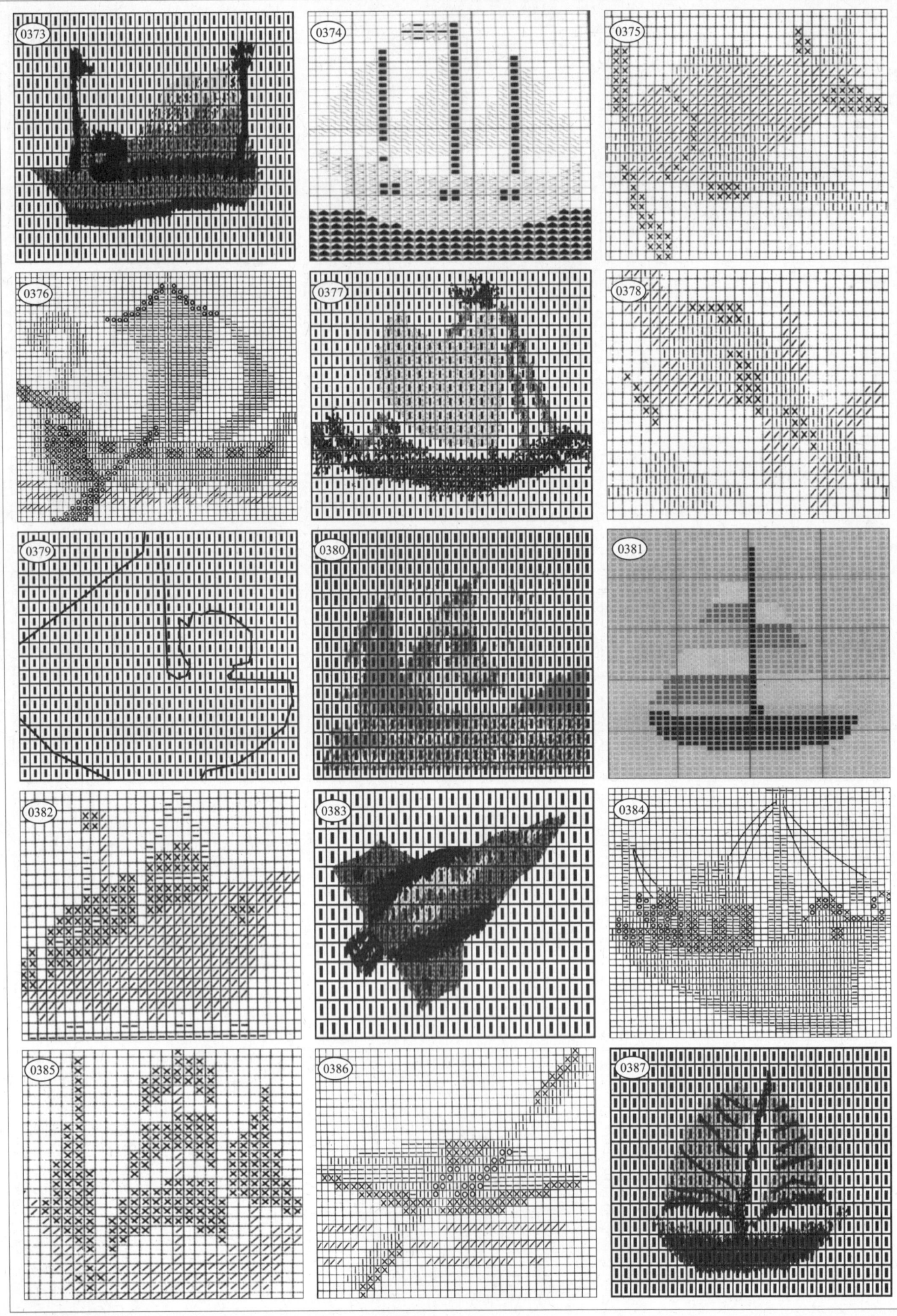

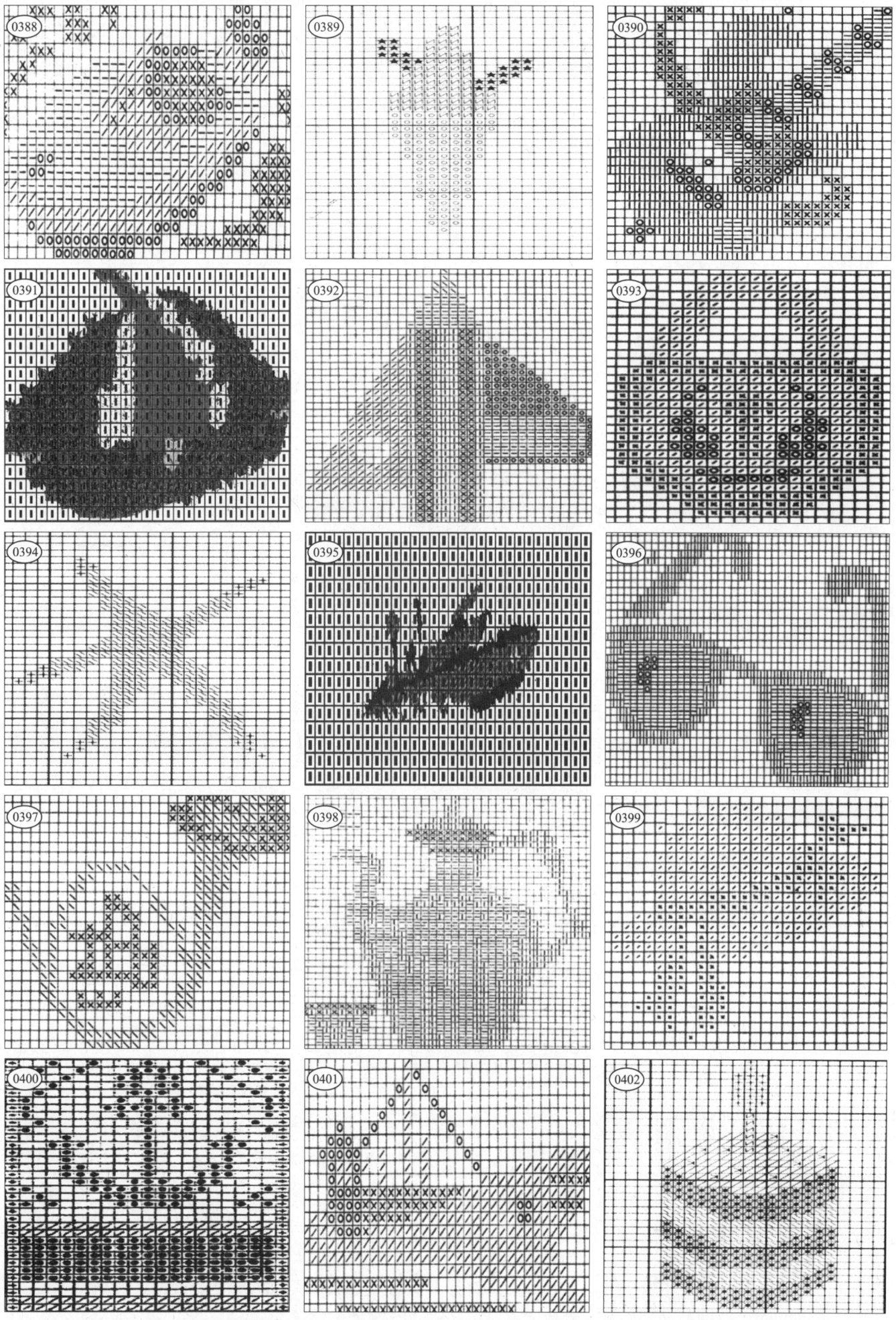

154

棒针编织符号说明

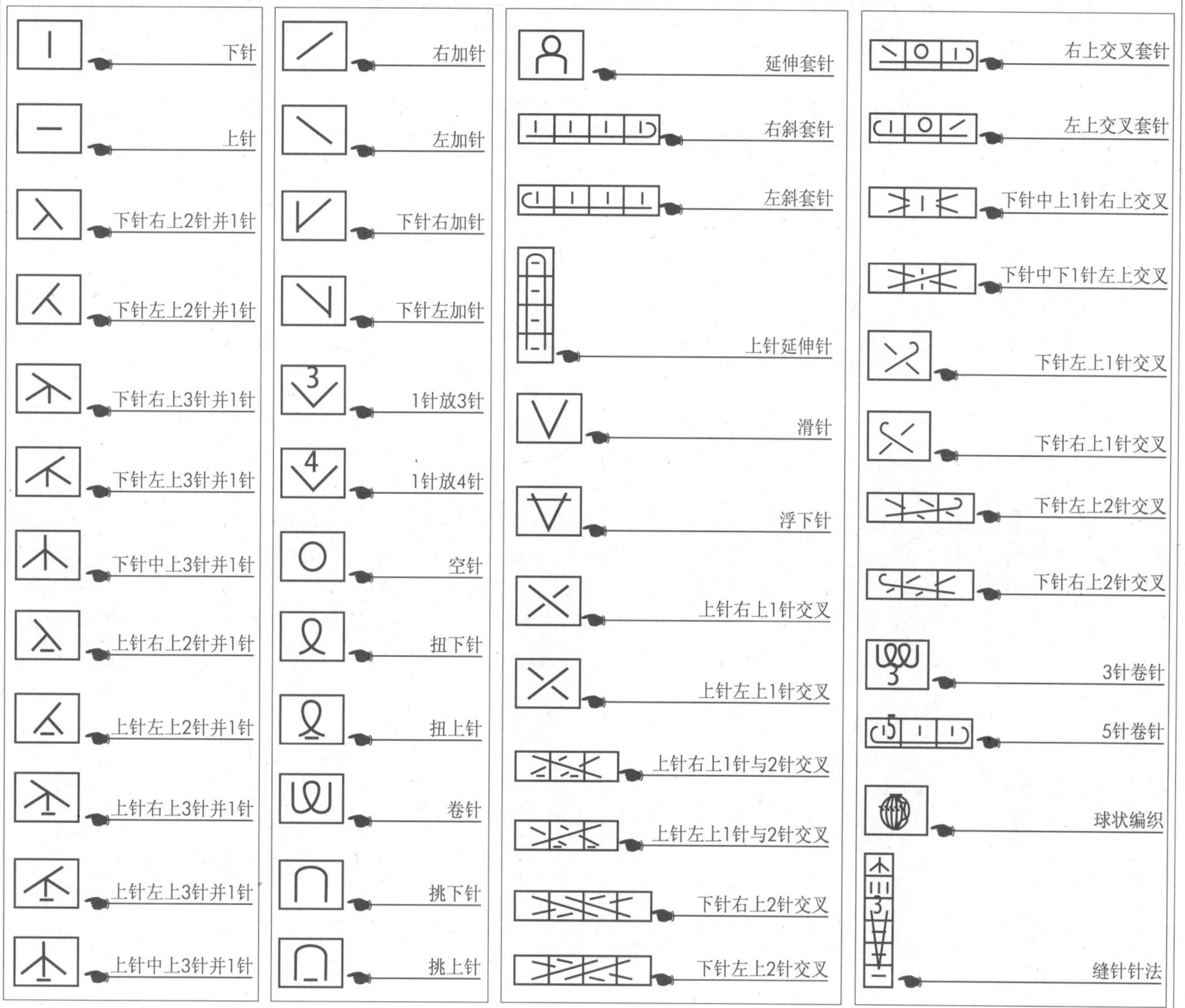

符号	名称
l	下针
-	上针
人(右)	下针右上2针并1针
人(左)	下针左上2针并1针
木(右)	下针右上3针并1针
木(左)	下针左上3针并1针
木	下针中上3针并1针
入(右)	上针右上2针并1针
入(左)	上针左上2针并1针
木(右)	上针右上3针并1针
木(左)	上针左上3针并1针
木	上针中上3针并1针
/	右加针
\	左加针
V	下针右加针
V	下针左加针
V3	1针放3针
V4	1针放4针
O	空针
Q	扭下针
Q	扭上针
ω	卷针
∩	挑下针
∩	挑上针
人	延伸套针
右斜套针	右斜套针
左斜套针	左斜套针
上针延伸针	上针延伸针
V	滑针
∀	浮下针
X	上针右上1针交叉
X	上针左上1针交叉
上针右上1针与2针交叉	
上针左上1针与2针交叉	
下针右上2针交叉	
下针左上2针交叉	
右上交叉套针	
左上交叉套针	
下针中上1针右上交叉	
下针中上1针下上交叉	
下针左上1针交叉	
下针右上1针交叉	
下针左上2针交叉	
下针右上2针交叉	
3针卷针	
5针卷针	
球状编织	
缝针针法	

棒针基本针法详细图解

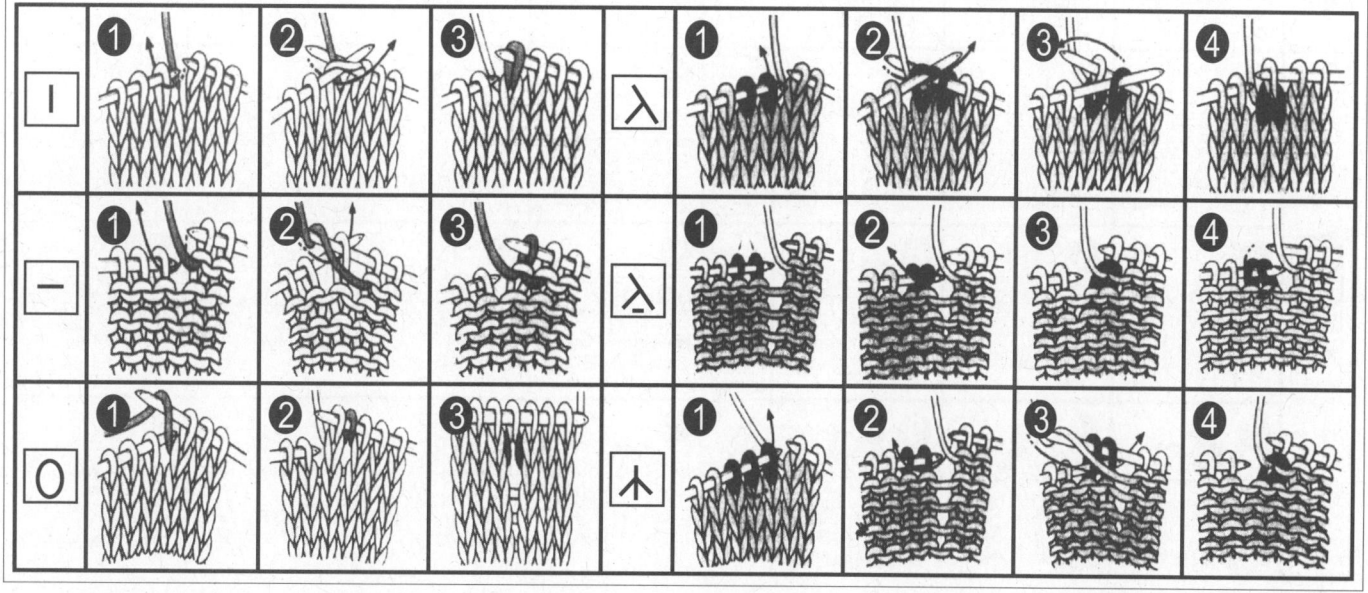

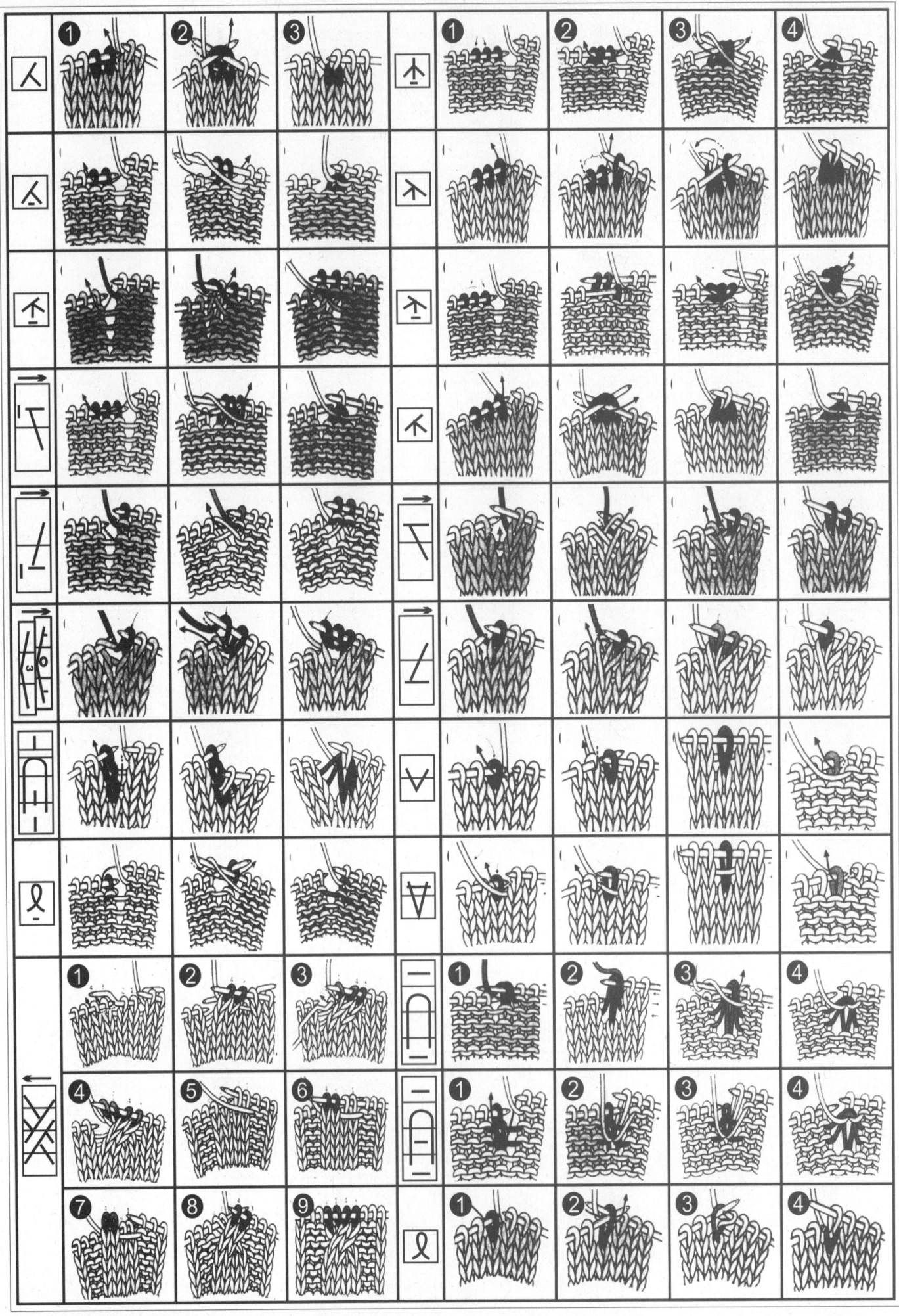

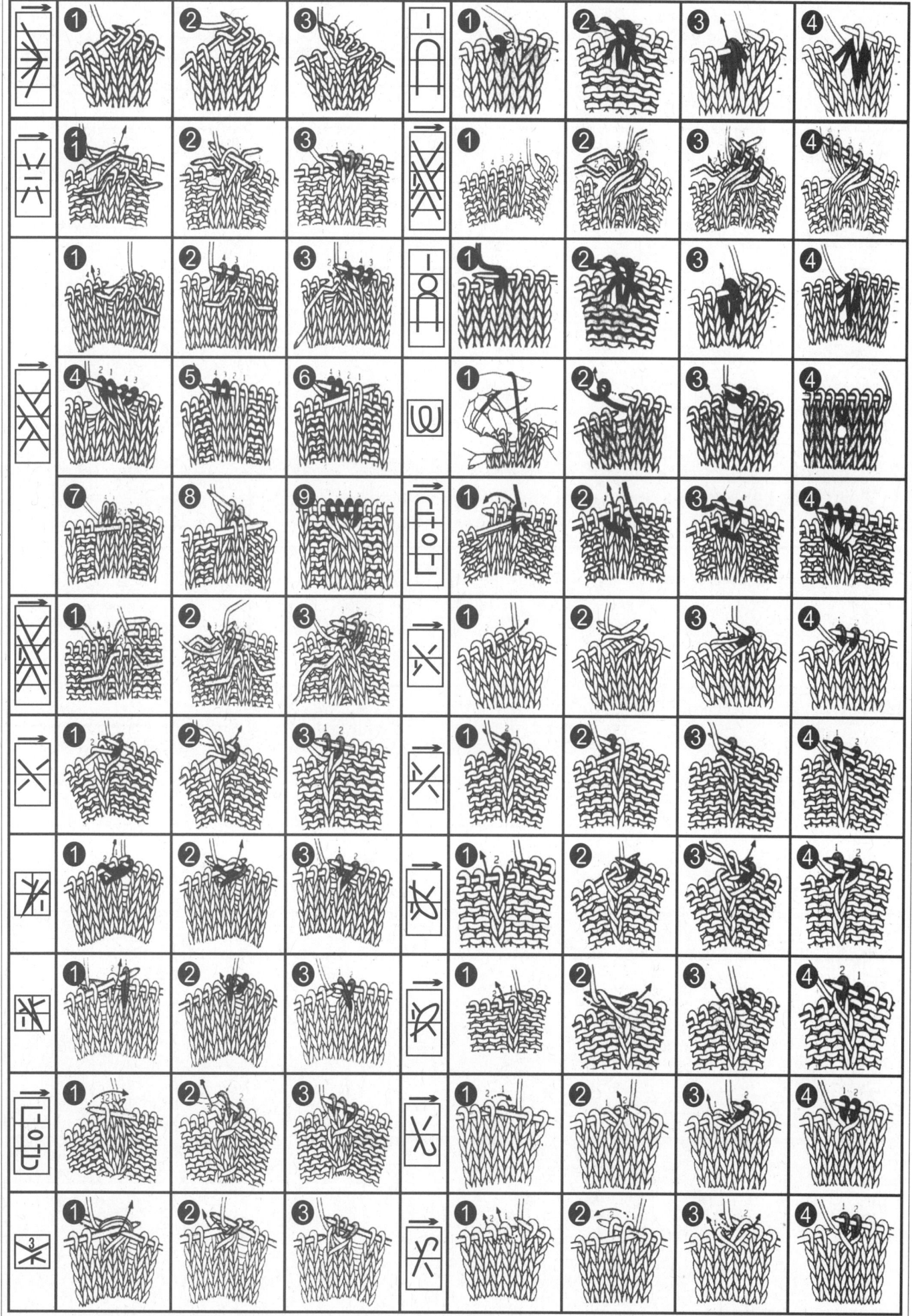

常见起针方法

单罗纹起针方法	手绕起针方法	双罗纹起针方法

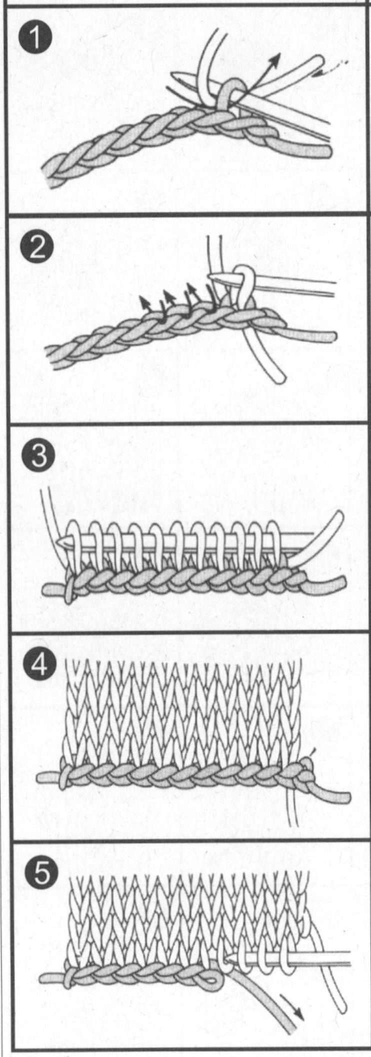

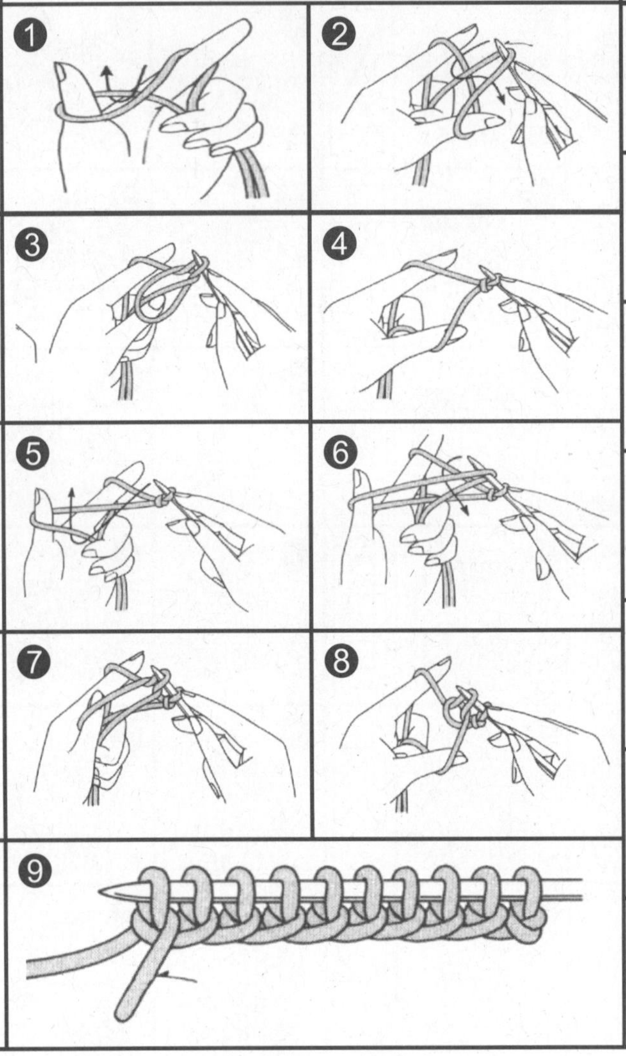

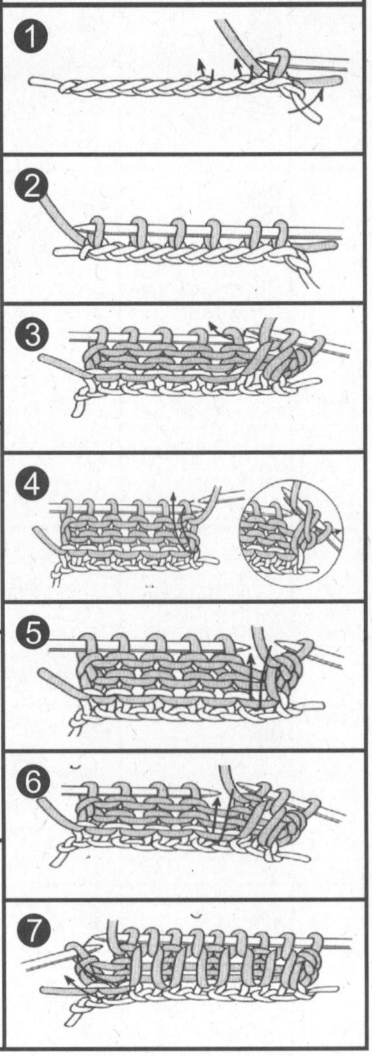

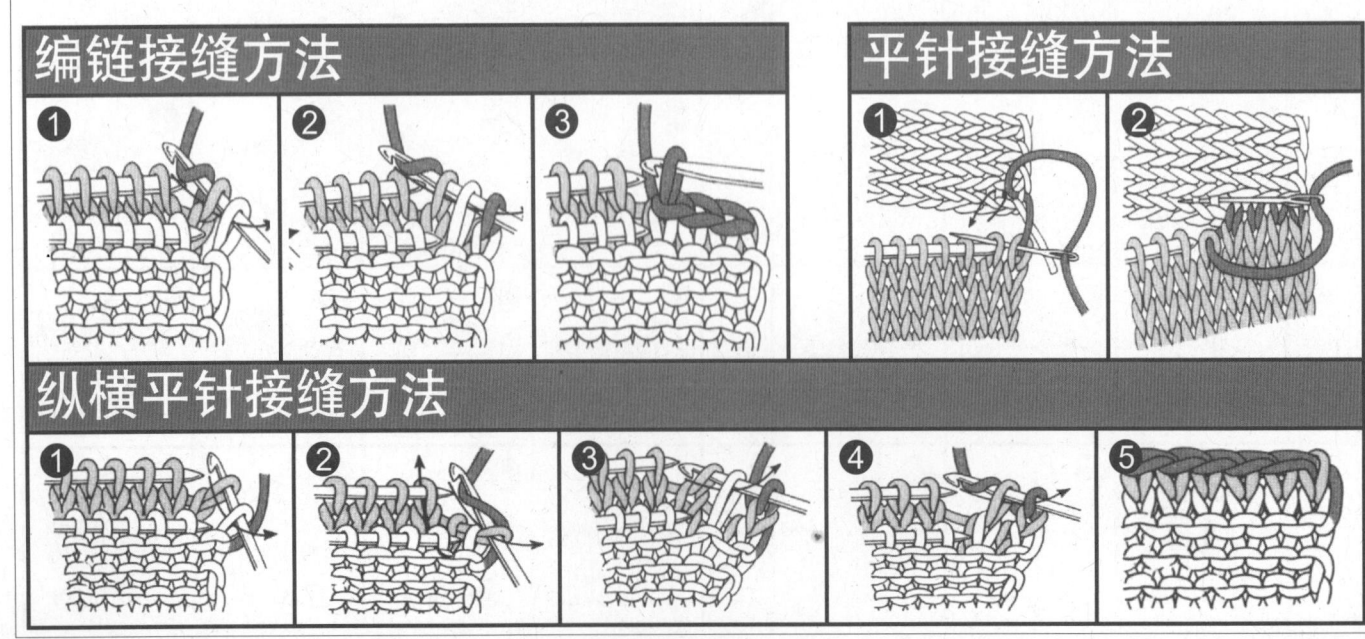

接缝编织方法

编链接缝方法

平针接缝方法

纵横平针接缝方法

基本收边方法

单罗纹收边法

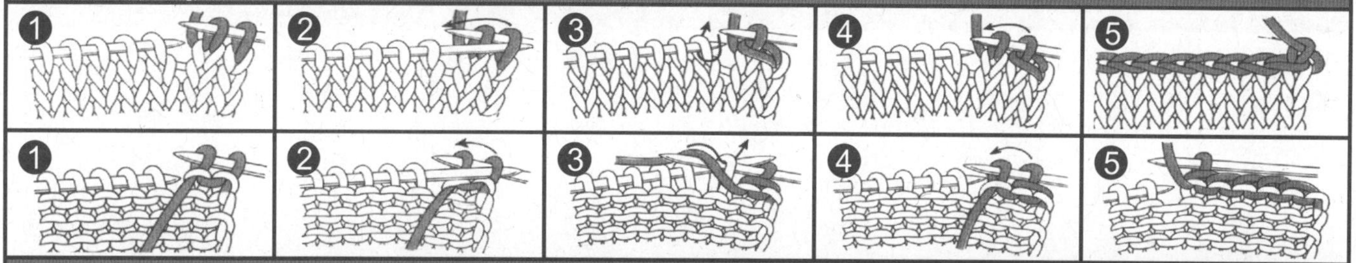

双罗纹收边法

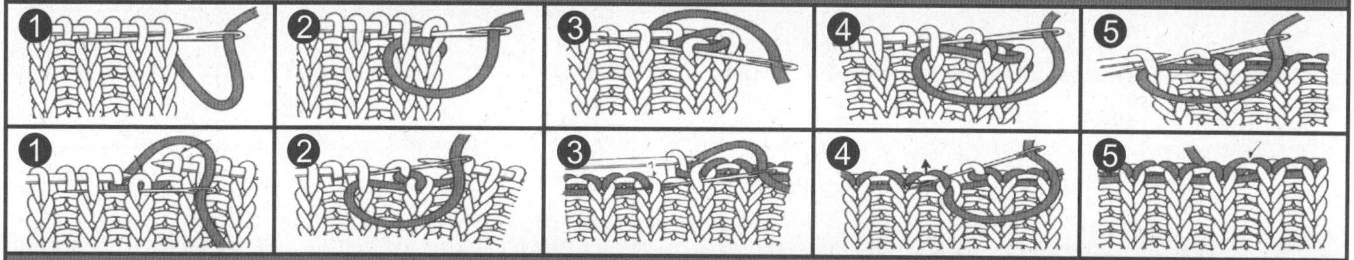

单罗纹双收法

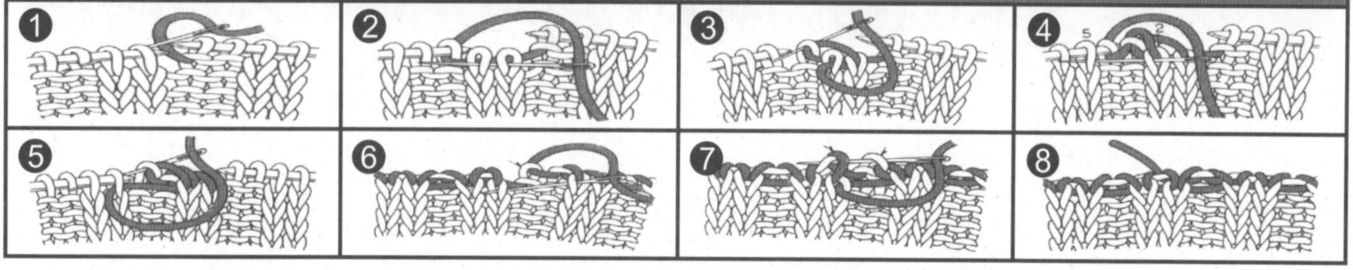

挂肩往返编织法

右侧

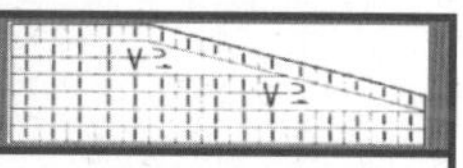

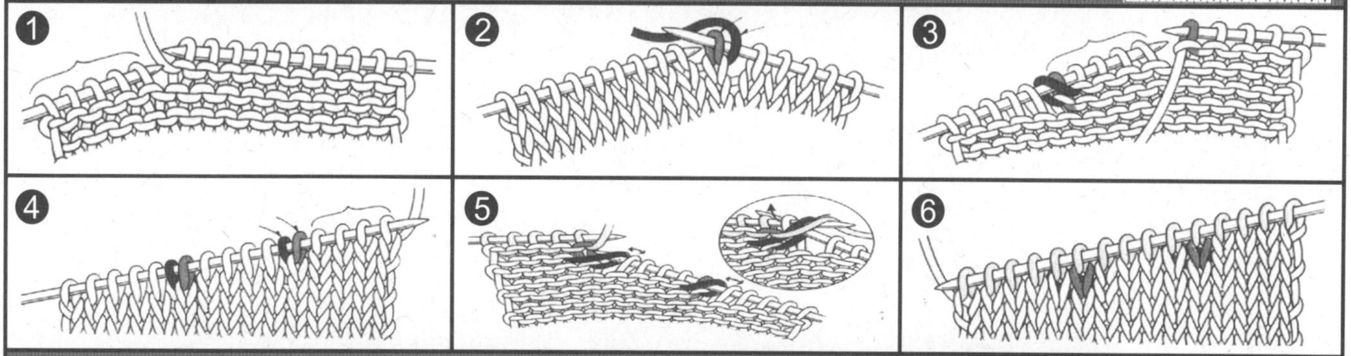

左侧

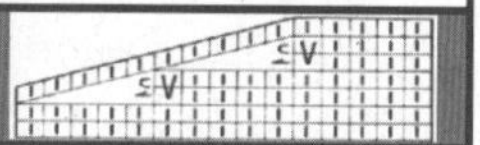

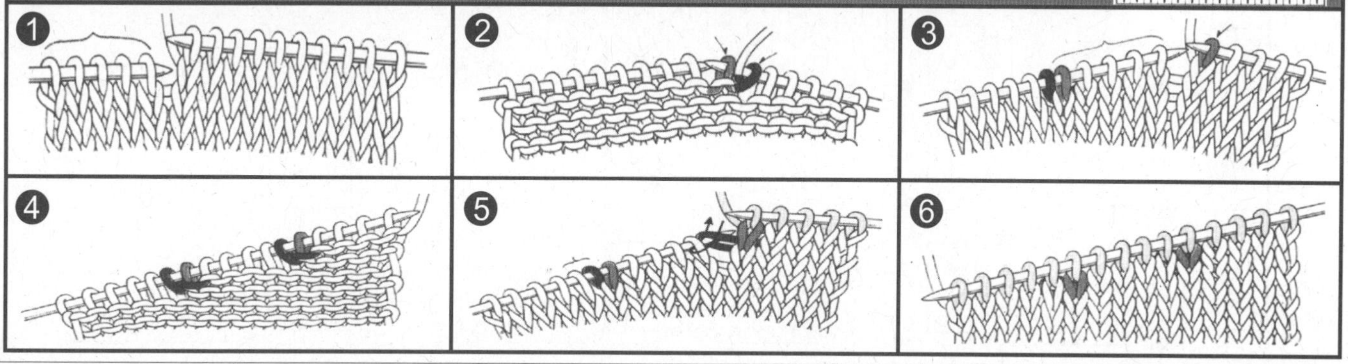

串接缝方法

正面串接缝方法

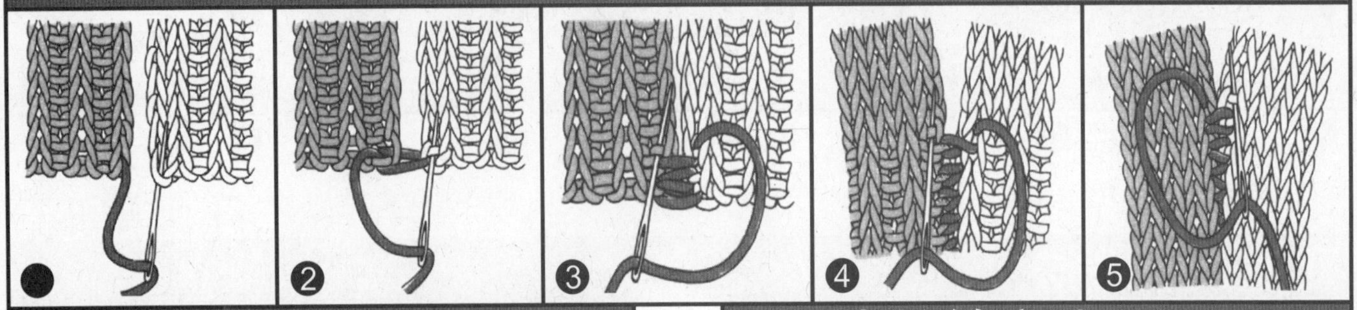

① ② ③ ④ ⑤

反面串接缝方法1

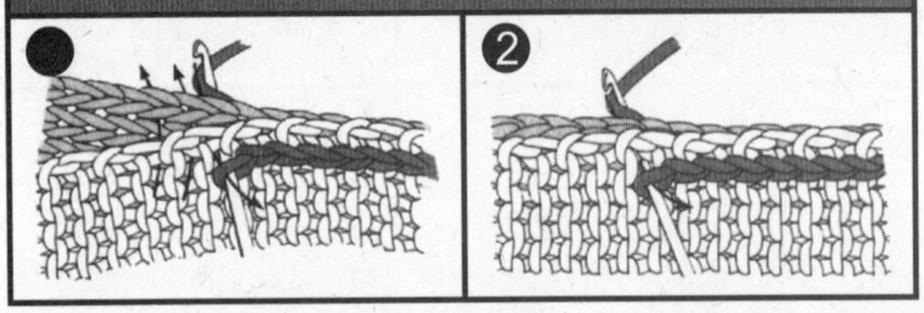

① ②

反面串接缝方法2

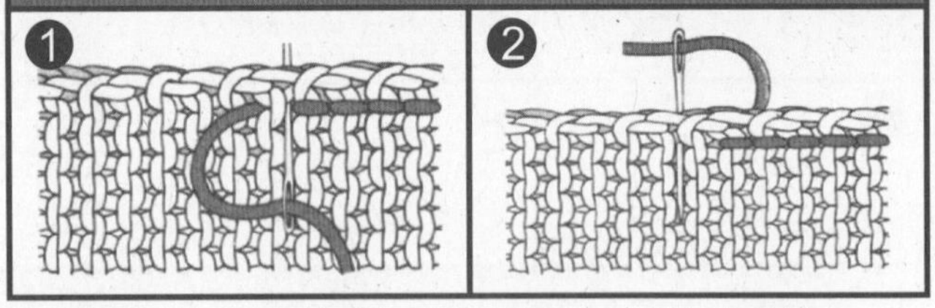

① ②

钩针编织符号说明

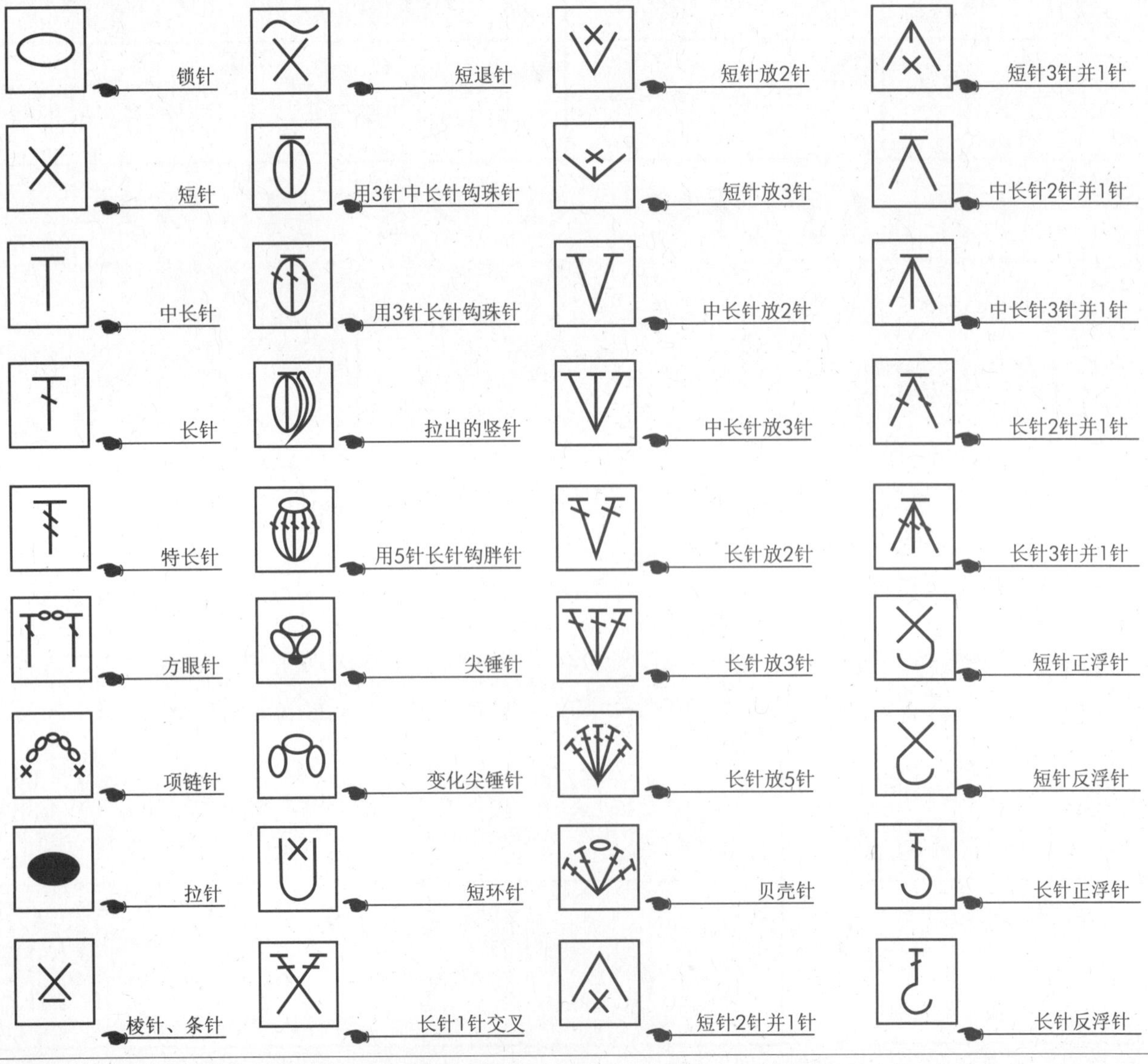

符号	名称	符号	名称	符号	名称	符号	名称
○	锁针	⨯	短退针	∨	短针放2针	∧	短针3针并1针
✕	短针	⊖	用3针中长针钩珠针	∨	短针放3针	∧	中长针2针并1针
T	中长针	⊖	用3针长针钩珠针	V	中长针放2针	木	中长针3针并1针
⊤	长针	⊖	拉出的竖针	W	中长针放3针	⋀	长针2针并1针
⊤	特长针	⊖	用5针长针钩胖针	⋎	长针放2针	木	长针3针并1针
	方眼针	⊚	尖锤针	⋎	长针放3针		短针正浮针
	项链针	⊖	变化尖锤针		长针放5针		短针反浮针
●	拉针		短环针		贝壳针		长针正浮针
✕	棱针、条针	⨉	长针1针交叉	∧	短针2针并1针		长针反浮针

钩针基本针法详细图解

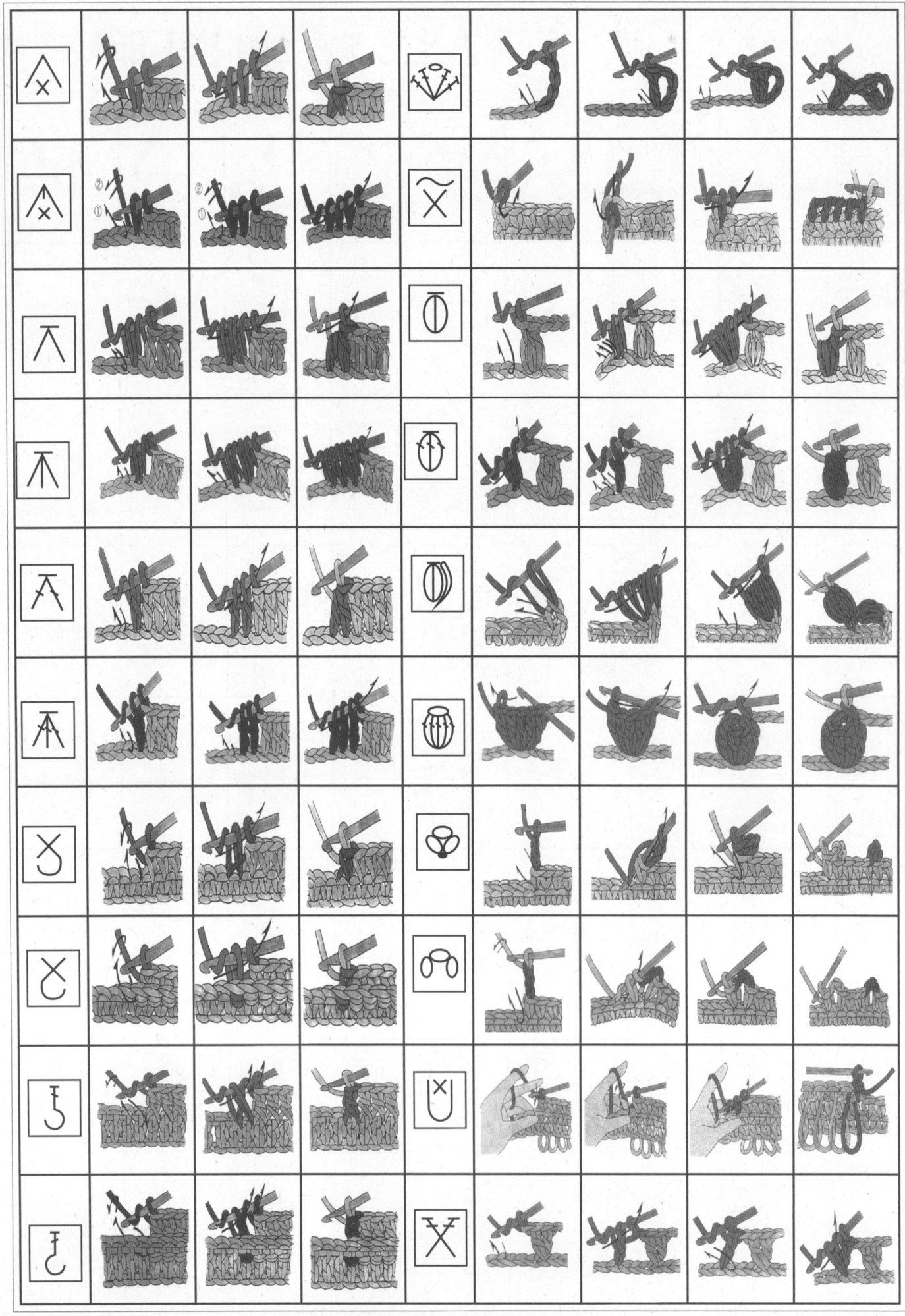